高等教育"十二五"全国规划教材
高等院校艺术专业系列教材

Photoshop
平面与环境艺术设计教程

薛娟 主编

U0133779

20% 的传统教学内容 + 30% 的最新教育理念 + 50% 的经典案例解析与项目实训

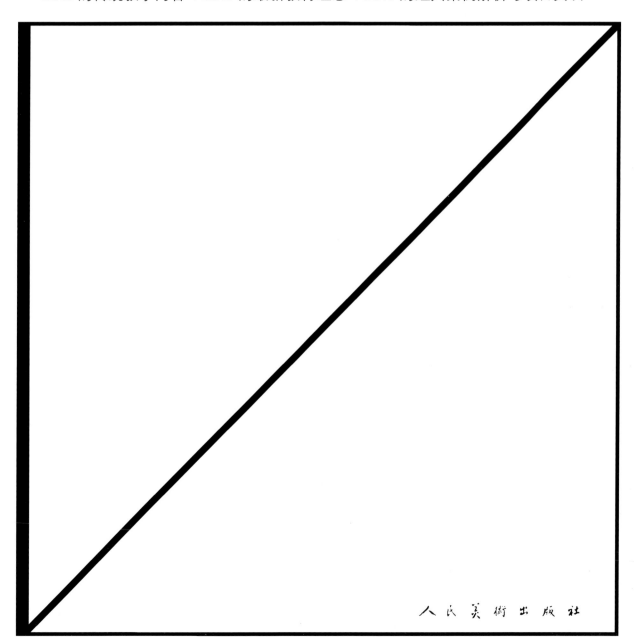

人民美術出版社

图书在版编目（ＣＩＰ）数据

Photoshop平面与环境艺术设计教程 / 薛娟主编. --

北京：人民美术出版社, 2012.2

高等院校艺术设计专业系列教材

ISBN 978-7-102-05334-9

Ⅰ.①P… Ⅱ.①薛… Ⅲ.①平面设计：计算机辅助

设计－图形软件，Photoshop－高等学校－教材②环境设计：

计算机辅助设计－图形软件，Photoshop－高等学校－教材

Ⅳ.①TP391.41②TU-856

中国版本图书馆CIP数据核字(2011)第009180号

主　　编：薛　娟

副 主 编：焦　杨　段睿光　许可为

参　　编：耿　蕾　李　瑾　任少楠　段秀翔

高等教育"十二五"全国规划教材

Photoshop平面与环境艺术设计教程

出　　版：人民美术出版社

地　　址：北京北总布胡同32号　　邮编：100735

网　　址：www.renmei.com.cn

电　　话：艺术教育编辑部：(010) 65122581 (010) 65232191

　　　　　发行部：(010) 65252847 (010) 65593332　邮购部：(010) 65229381

责任编辑：管　维 黎　琦

封面设计：肖　勇 贾　浩

版式设计：黎　琦

责任校对：马晓婷

责任印制：赵　丹

制版印刷：北京宝峰印刷有限公司

经　　销：人民美术出版社

2012年2月　第1版　第1次印刷

开　　本：787毫米×1092毫米 1/16　印　张：7.5

印　　数：0001-3000册

ISBN　978-7-102-05334-9

定　　价：38.00元

总 序

　　肇始于20世纪初的五四新文化运动，在中国教育界积极引入西方先进的思想体系，形成现代的教育理念。这次运动涉及范围之广，不仅撼动了中国文化的基石——语言文字的基础，引起汉语拼音和简化字的变革，而且对于中国传统艺术教育和创作都带来极大的冲击。刘海粟、徐悲鸿、林风眠等一批文化艺术改革的先驱者通过引入西法，并以自身的艺术实践力图变革中国传统艺术，致使中国画坛创作的题材、流派以及艺术教育模式均发生了巨大的变革。

　　新中国的艺术教育最初完全建立在苏联模式基础上，它的优点在于有了系统的教学体系、完备的教育理念和专门培养艺术创作人才的专业教材，在中国艺术教育史上第一次形成全国统一、规范、规模化的人才培养机制，但它的不足，也在于仍然固守学院式专业教育。

　　国家改革开放以来，中国的艺术教育再一次面临新的变革，随着文化产业的日趋繁荣，艺术教育不只针对专业创作人员，培养专业画家，更多地是培养具有一定艺术素养的应用型人才。就像传统的耳提面命、师授徒习、私塾式的教育模式无法适应大规模产业化人才培养的需要一样，多年一贯制的学院式人才培养模式同样制约了创意产业发展的广度与深度，这其中，艺术教育教材的创新不足与规模过小的问题尤显突出，艺术教育教材的同质化、地域化现状远远滞后于艺术与设计教育市场迅速增长的需求，越来越影响艺术教育的健康发展。

　　人民美术出版社，作为新中国成立后第一个国家级美术专业出版机构，近年来顺应时代的要求，在广泛调研的基础上，聚集了全国各地艺术院校的专家学者，共同组建了艺术教育专家委员会，力图打造一批新型的具有系统性、实用性、前瞻性、示范性的艺术教育教材。内容涵盖传统的造型艺术、艺术设计以及新兴的动漫、游戏、新媒体等学科，而且从理论到实践全面辐射艺术与设计的各个领域与层面。

　　这批教材的作者均为一线教师，他们中很多人不仅是长期从事艺术教育的专家、教授、院系领导，而且多年坚持艺术与设计实践不辍，他们既是教育家，也是艺术家、设计家，这样深厚的专业基础为本套教材的撰写一变传统教材的纸上谈兵，提供了更加丰富全面的资讯、更加高屋建瓴的教学理念，使艺术与设计实践更加契合的经验——本套教材也因此呈现出不同寻常的活力。

　　希望本套教材的出版能够适应新时代的需求，推动国内艺术教育的变革，促使学院式教学与科研得以跃进式的发展，并且以此为国家催生、储备新型的人才群体——我们将努力打造符合国家"十二五"教育发展纲要的精品示范性教材，这项工作是长期的，也是人民美术出版社的出版宗旨所追求的。

　　谨以此序感谢所有与人民美术出版社共同努力的艺术教育工作者！

中国美术出版总社
人民美术出版社　社长

第一章　Photoshop入门

本章主要内容

第一节　Photoshop简介 /2

第二节　Photoshop的操作环境 /2

一、Photoshop操作界面介绍 /3

Photoshop的操作界面各部分的

作用 /3

二、Photoshop文件模式 /4

Photoshop支持多种色彩模式具体

类别 /4

第三节　Photoshop的基本操作 /4

1. 工具箱 /4

2. 菜单栏 /6

3. 控制面板 /6

4. 文件的基本操作 /7

5. 辅助工具 /8

本章小结 /9

思考与练习题 /9

附录 /10

第二章　平面广告设计

本章主要内容

平面广告设计案例——旅游海报
设计 /12

经验提示 /14

本章小结 /19

思考与练习题 /19

海报设计欣赏 /20

第三章　字体设计与制作

本章主要内容

应用实例——字体设计 /22

本章小结 /30

思考与练习题 /30

字体设计欣赏 /30

第四章　版式设计

本章主要内容

应用实例——版式设计 /32

本章小结 /43

思考与练习题 /43

CD唱片设计欣赏 /43

时尚杂志设计欣赏 /44

第五章　包装设计

本章主要内容

应用实例——包装设计 /46

本章小结 /60

思考与练习题 /60

包装设计欣赏 /60

第一章　材质的制作

第一节　金属材质的制作 /64

　　本节重点

　　操作步骤

第二节　地面材质效果的制作 /67

　　本节重点

　　操作步骤

第二章　室内效果图制作

第一节　卧室空间的处理 /72

　　本节重点

　　操作步骤

一、整体色调调整 /72

　　经验提示 /72

二、调整局部区域 /75

三、添加装饰品、人物 /77

　　经验提示 /81

四、添加外景、百叶窗 /81

五、添加吊灯和植物 /83

六、存储设置 /85

　　1. JPEG /85

　　2. PSD /85

　　经验提示 /85

第二节　商业空间的处理 /86

　　本节重点

　　操作步骤

　　经验提示 /86

一、添加外景及整体色调调整 /87

二、添加橱窗景象及植物 /88

三、光照处理 /94

四、添加人物调整 /96

　　经验提示 /98

五、存储设置 /98

第三章　建筑外观效果图实例分析

第一节　日景效果的建筑外观效果图的制作 /100

　　本节重点

　　操作步骤

一、展览馆效果图制作 /100

二、添加外景及整体色调调整 /101

　　经验提示 /102

三、存储设置 /106

第二节　城市夜景照明规划的设计制作 /107

　　本节重点

　　操作步骤

一、添加外景及整体色调调整 /107

　　经验提示 /108

二、存储设置 /111

上篇 Photoshop平面设计实例教程

第一章　Photoshop入门

本章主要内容

第一节　Photoshop简介

第二节　Photoshop的操作环境
一、Photoshop操作界面介绍
Photoshop的操作界面各部分的作用
二、Photoshop文件模式
Photoshop支持多种色彩模式具体类别

第三节　Photoshop的基本操作
一、工具箱
二、菜单栏
三、控制面板
四、文件的基本操作
五、辅助工具

本章小结
思考与练习题
附录

第一章　Photoshop入门

本章主要内容:

Photoshop软件简介

Photoshop操作界面介绍

Photoshop基本操作方法

Photoshop作为一个可广泛应用于各个设计领域的多功能软件,其应用范围之广,功能之强大让人不可小视。本章在介绍Photoshop基础应用技术的同时适应设计实际,强调"设计技能"与"软件技能"的结合,由浅入深、循序渐进地使读者熟悉Photoshop的操作,基本掌握Photoshop的相关概念和操作技巧,以便在后续章节顺利掌握Photoshop软件设计与技术完美结合的有效方法,创作出优秀的设计作品。

第一节　Photoshop简介

Adobe公司成立于1982年,是美国最大的个人电脑软件公司之一,为包括网络、印刷、视频、无线和宽带应用在内的泛网络传播提供优秀的解决方案。Adobe公司的图形和动态媒体创作工具能够让使用者进行创作、管理并传播具有丰富视觉效果的作品。自投入市场以来,以其丰富的内容和强大的处理功能深受广大用户的欢迎。其主要功能是绘画和图像处理,广泛应用于平面设计、美术制作、摄影、环境艺术设计、彩色印刷、广告创意、网页制作等领域。Adobe Photoshop作为图像元老,是Adobe公司旗下名的图像处理软件之一。随着新版本的不断推出以及相关新滤镜、新功能的增加,本书针对平面设计、环境艺术设计两大设计领域进行全面而详细的讲解,并根据Photoshop在这两个领域里的具体应用及技术特点,分门别类详细列举设计实例,清楚地说明实例的具体操作步骤、各命令的使用方法及技巧,使读者边学习边实践,既能掌握Photoshop的应用技术,又能提高自身的设计水平。

第二节　Photoshop的操作环境

在本节中我们将对Photoshop的操作界面进行简单的介绍,所使用的Photoshop版本为Adobe Photoshop CS3 中文版。此版本的Photoshop除了包含Adobe Photoshop CS3的所有功能外,还增加了一些特殊的功能,如支持3D和视频流、动画、深度图像分析等。鉴于篇幅关系本书略去Photoshop的3D功能介绍,主要讲解Photoshop的二维图像编辑处理技术。

一、Photoshop操作界面介绍

Photoshop的操作界面为用户提供了丰富的菜单、工具箱和控制面板，如图1所示，Photoshop的工作窗口主要由菜单栏、工具箱、工具属性栏、控制面板、状态栏和图像窗口几部分组成。菜单栏中的每一个菜单都浓缩了一组或几组功能集，工具箱为用户提供了方便、直观、快捷的操作工具，而控制面板则直接向用户展示每个功能组的各种调节参数。

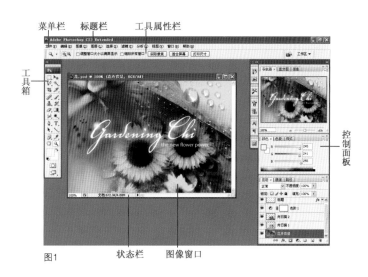

图1

Photoshop的操作界面各部分的作用：

（1）标题栏：包含应用程序的图标、名称和Windows系统中应用程序都包含的三个窗口控制按钮。

（2）菜单栏：菜单栏由9组菜单组成，共有一百多条命令（不包括子菜单命令），包含了Photoshop的大部分操作命令。

（3）工具属性栏：工具属性栏位于菜单栏下方，提供当前所使用工具的有关信息及相关属性设置。当选择不同的工具时，工具属性栏随之改变。

（4）状态栏：状态栏上共有三部分信息：左侧部分显示了当前图像缩放的百分比；右侧部分为所选工具的操作信息；中间部分是一个黑色的三角按钮，单击该按钮，从弹出的菜单中选择所需选项，则状态栏的中间位置将显示当前图像的有关信息。

（5）控制面板：控制面板是浮动的，可以根据需要调整在窗口中的位置及大小。它主要包括导航器、信息、颜色、色板、样式、图层、历史记录、动作、通道、路径、字符、段落等面板。这些面板以及工具箱、工具属性栏都可以通过菜单栏中的窗口菜单来使其隐藏或显示。

（6）图像窗口：图像窗口就是图像绘制编辑区，我们所要绘制的作品主要是在这里完成和呈现的。此窗口的尺寸与比例是由用户控制的。图像窗口上也有一个标题栏，显示的是图像文件的名称、显示比例、色彩模式、当前层等信息。如果图像窗口处于最大化状态，那么这部分信息会显示在Photoshop的标题栏上，即图像窗口与Photoshop共用一个标题栏。

（7）工具箱：Photoshop工具箱里的工具主要用于区域的选择、图像的编辑、颜色的选取、屏幕视图控制等操作。

二、 Photoshop文件模式

Photoshop支持多种色彩模式具体类别：

（1）RGB彩色模式：又叫加色模式，是屏幕显示的最佳颜色，由红、绿、蓝三种颜色组成，每一种颜色可以有0—255的亮度变化。

（2）CMYK彩色模式：由品蓝、品红、品黄和黄色组成，又叫减色模式。一般打印输出及印刷都是这种模式，所以打印图片一般都采用CMYK模式。

（3）HSB彩色模式：将色彩分解为色调、饱和度及亮度，通过调整色调、饱和度及亮度得到颜色和变化。

（4）Lab彩色模式：这种模式通过一个光强和两个色调来描述一个色调叫a，另一个色调叫b。它主要影响色调的明暗。一般RGB转换成CMYK都先经Lab的转换。

（5）索引颜色：这种颜色下，图像像素用一个字节表示它最多包含有256色的色表储存并索引其所用的颜色。它图像质量不高，占空间较少。

（6）灰度模式：只用黑色和白色显示图像，像素0值为黑色，像素255为白色。

（7）位图模式：像素不由字节表示，而由二进制表示，即黑色和白色由二进制表示，因而占磁盘空间最小。

第三节　Photoshop的基本操作

Photoshop软件的主要功能是对图像的编辑处理，基本操作主要包括：选择区域、绘图、特效文字添加、图像色彩编辑以及图像（图层）变换等方面内容，主要通过工具箱、菜单栏以及控制面板内各种命令完成。本章末列出了各种工具的名称与相应的快捷键，建议有选择地牢记其中常用快捷键，以便提高我们的操作速度。

一、 工具箱

Photoshop工具箱按使用功能可分为选取工具、绘图工具、文字工具、编辑工具及其他工具。单击工具箱中的某一工具即可选择该工具，右下角带有黑色小三角的工具表示它包含弹出式工具栏，单击该工具并按住鼠标不放可展开弹出式工具栏并显示其中隐藏的工具，如图2、图3所示。

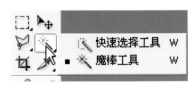

图2

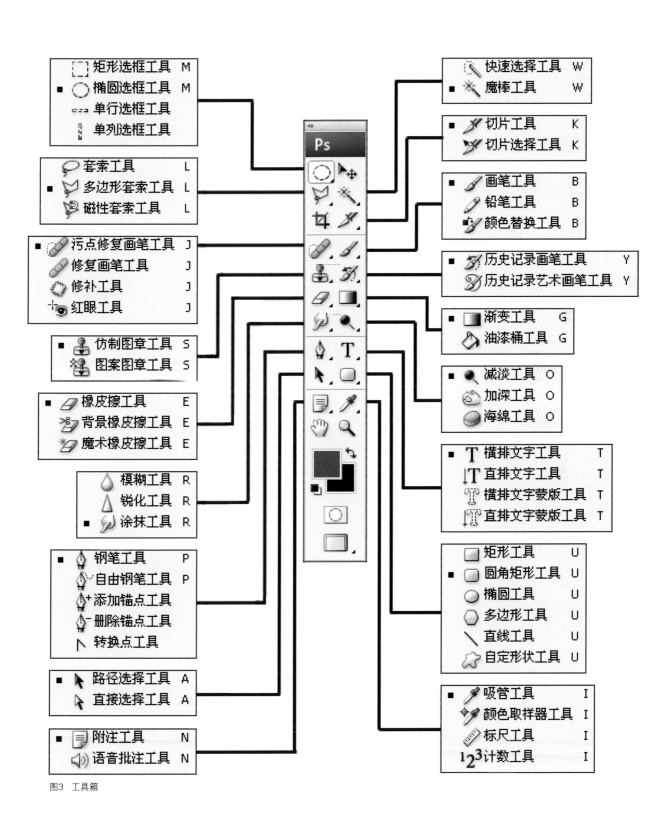

矩形选框工具 M
椭圆选框工具 M
单行选框工具
单列选框工具

套索工具 L
多边形套索工具 L
磁性套索工具 L

污点修复画笔工具 J
修复画笔工具 J
修补工具 J
红眼工具 J

仿制图章工具 S
图案图章工具 S

橡皮擦工具 E
背景橡皮擦工具 E
魔术橡皮擦工具 E

模糊工具 R
锐化工具 R
涂抹工具 R

钢笔工具 P
自由钢笔工具 P
添加锚点工具 P
删除锚点工具
转换点工具

路径选择工具 A
直接选择工具 A

附注工具 N
语音批注工具 N

快速选择工具 W
魔棒工具 W

切片工具 K
切片选择工具 K

画笔工具 B
铅笔工具 B
颜色替换工具 B

历史记录画笔工具 Y
历史记录艺术画笔工具 Y

渐变工具 G
油漆桶工具 G

减淡工具 O
加深工具 O
海绵工具 O

横排文字工具 T
直排文字工具 T
横排文字蒙版工具 T
直排文字蒙版工具 T

矩形工具 U
圆角矩形工具 U
椭圆工具 U
多边形工具 U
直线工具 U
自定形状工具 U

吸管工具 I
颜色取样器工具 I
标尺工具 I
计数工具 I

图3 工具箱

二、菜单栏

Photoshop中有10个主菜单，每个菜单都包含一系列命令，有的菜单命令用于对文件或图像进行编辑操作，例如执行"编辑/变换/缩放"命令可对已选择的图像区域进行大小调整；执行"编辑/首选项/界面"命令可打开首选项窗口，对Photoshop软件的操作界面进行修改和重定义。

菜单栏中的有些命令还附有快捷键，例如按"Ctrl+T"组合键可执行"编辑/变换/缩放"命令。带有黑色三角标记的菜单命令还包含下一级子菜单，如图4所示。另外，在画面中或者选取的对象上单击鼠标右键也可现实快捷菜单，可快速执行相应的命令，如图5所示。

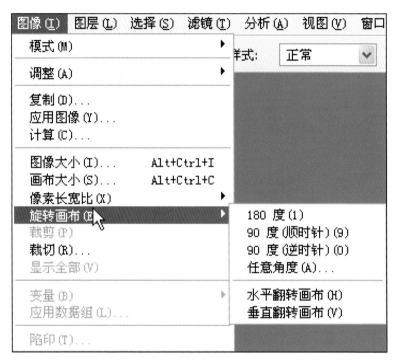

图4

图5

三、控制面板

控制面板是图像编辑过程中不可缺少的控件。在默认状态下，各个控制面板依照功能分成几个浮动控制面板组，分别是：导航器、直方图、信息控制面板组；颜色、色板、样式控制面板组；图层、通道、路径控制面板组。在这些控制面板左侧还竖向罗列了一些按钮，点击它们可以打开相应的控制面板，如图6所示。

图6

四、文件的基本操作

（1）新建文件：执行菜单栏命令"文件/新建"或按"Ctrl+N"组合键，打开"新建"对话框。在该对话框内可以设置文件的名称、大小、分辨率、颜色模式、背景内容等。单击"存储预设"可以将当前设置命名并存储供以后调用，单击"确定"按钮即可创建文件，如图7所示。

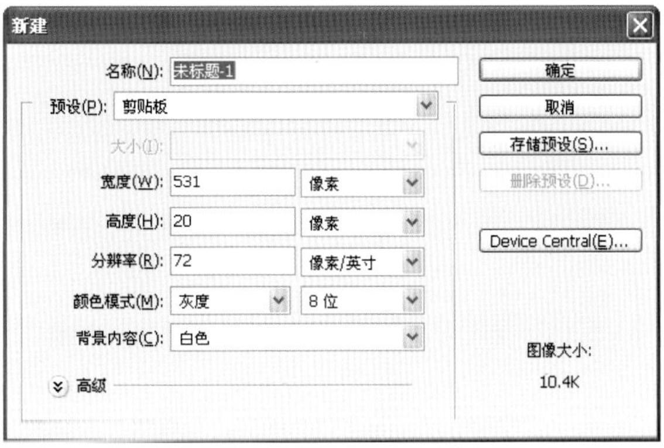

图7

（2）打开文件：执行菜单栏命令"文件/打开"或按"Ctrl+O"组合键，弹出"打开"对话框，选定文件后点击"打开"按钮即可打开文件，如图8所示。

图8

（3）保存文件：执行菜单栏命令"文件/存储"或按"Ctrl+S"组合键，弹出"存储为"对话框，指定保存路径后输入"文件名""格式"，点击"保存"按钮即可存储文件，如图9所示。

图9

（4）还原与重做：在编辑过程中如果出现操作失误，可执行"编辑/后退一步"命令或按"Ctrl+Z"组合键返回到上一步编辑状态中。执行"文件/恢复"命令可将文件一次性恢复到上一次保存的状态。

五、 辅助工具

Photoshop提供了三种常用辅助工具——标尺、参考线和网格，借助辅助工具可以准确地进行定位、对齐和测量。

（1）标尺：标尺可以精确地进行定位和测量，执行"视图/标尺"命令可以显示标尺。单击窗口左上角水平标尺与垂直标尺的交界处，可以拖曳出十字线，将它放置在需要的位置即可将该处设置为标尺的原点，如图10、图11所示。如果要将标尺的原点恢复为默认的位置，双击窗口左上角水平标尺与垂直标尺的相交处即可，按"Ctrl+R"组合键可以显示或隐藏标尺。

图10

图11

（2）参考线：参考线用来定位和对齐图像，将鼠标指针移至标尺上单击并拖动鼠标可拖曳出参考线，在水平标尺上可拖曳出水平参考线，在垂直标尺上可拖曳出垂直参考线。取消选中"视图/显示/参考线"命令或者按"Ctrl+；"组合键可以隐藏参考线。执行"视图/锁定参考线"命令可以锁定参考线，执行"视图/清除参考线"命令可以删除所有参考线，执行"视图/新建参考线"命令可以精确定位设置参考线，如图12、图13所示。

图12

图13

（3）网格：执行"视图/显示/网格"命令可以显示网格，按"Ctrl+""组合键可显示或隐藏网格。显示网格后可执行"视图/对齐到/网格"命令，此后对图像进行绘制编辑操作时都将自动对齐到网格上，如图14所示。

图14

本章小结：

Photoshop是平面设计常用软件，此软件应用技巧很多，在不同的专业设计领域各有相应的设计方法和应用技巧，灵活掌握并熟练运用这些技巧是提高设计效率和设计表现效果的重要途径。本章主要讲解了Photoshop软件的基础知识和基本操作方法，旨在为后续章节的深入学习打下坚实的知识基础。

思考与练习题：

1. Photoshop的操作界面主要由哪几部分组成，各有什么作用？

2. 什么是RGB彩色模式，与CMYK彩色模式的区别是什么？

3. 工具箱中的选择工具主要有哪些？

4. 什么是图层？图层面板的主要功能有哪些？

5. Photoshop主要提供了哪些辅助工具，各有什么作用？

附录：常用工具和命令快捷键

工具箱(多种工具共用一个快捷键的可同时按【Shift】加此快捷键选取)

矩形、椭圆选框工具：【M】

裁剪工具：【C】

移动工具：【V】

套索、多边形套索、磁性套索：【L】

魔棒工具：【W】

喷枪工具：【J】

画笔工具：【B】

橡皮图章、图案图章：【S】

历史记录画笔工具：【Y】

橡皮擦工具：【E】

铅笔、直线工具：【N】

模糊、锐化、涂抹工具：【R】

减淡、加深、海棉工具：【O】

钢笔、自由钢笔、磁性钢笔：【P】

添加锚点工具：【+】

删除锚点工具：【–】

直接选取工具：【A】

文字、文字蒙板、直排文字、直排文字蒙板：【T】

度量工具：【U】

直线渐变、径向渐变、对称渐变、角度渐变、菱形渐变：【G】

油漆桶工具：【K】

吸管、颜色取样器：【I】

抓手工具：【H】

缩放工具：【Z】

默认前景色和背景色：【D】

切换前景色和背景色：【X】

切换标准模式和快速蒙板模式：【Q】

标准屏幕模式、带有菜单栏的全屏模式、全屏模式：连续按两下【F】

临时使用移动工具：【Ctrl】

临时使用吸色工具：【Alt】

临时使用抓手工具：【空格】

打开工具选项面板：【Enter】

快速输入工具选项(当前工具选项面板中至少有一个可调节数字)：【0】至【9】

循环选择画笔：【[】或【]】

选择第一个画笔：【Shift】+【[】

选择最后一个画笔：【Shift】+【]】

建立新渐变(在"渐变编辑器"中)：【Ctrl】+【N】

文件操作

新建图形文件：【Ctrl】+【N】

用默认设置创建新文件：【Ctrl】+【Alt】+【N】

打开已有的图像：【Ctrl】+【O】

打开为...：【Ctrl】+【Alt】+【O】

关闭当前图像：【Ctrl】+【W】

保存当前图像：【Ctrl】+【S】

另存为...：【Ctrl】+【Shift】+【S】

存储副本：【Ctrl】+【Alt】+【S】

页面设置：【Ctrl】+【Shift】+【P】

打印：【Ctrl】+【P】

打开"预置"对话框：【Ctrl】+【K】

显示最后一次显示的"预置"对话框：【Alt】+【Ctrl】+【K】

设置"常规"选项(在预置对话框中)：【Ctrl】+【1】

设置"存储文件"(在预置对话框中)：【Ctrl】+【2】

设置"显示和光标"(在预置对话框中)：【Ctrl】+【3】

设置"透明区域与色域"(在预置对话框中)【Ctrl】+【4】

设置"单位与标尺"(在预置对话框中)：【Ctrl】+【5】

设置"参考线与网格"(在预置对话框中)：【Ctrl】+【6】

外发光效果(在"效果"对话框中)：【Ctrl】+【3】

内发光效果(在"效果"对话框中)：【Ctrl】+【4】

斜面和浮雕效果(在"效果"对话框中)：【Ctrl】+【5】

应用当前所选效果并使参数可调(在"效果"对话框中)：【A】

图层混合模式

循环选择混合模式：【Alt】+【-】或【+】

正常：【Ctrl】+【Alt】+【N】

阈值（位图模式）：【Ctrl】+【Alt】+【L】

溶解：【Ctrl】+【Alt】+【I】

背后：【Ctrl】+【Alt】+【Q】

清除：【Ctrl】+【Alt】+【R】

正片叠底：【Ctrl】+【Alt】+【M】

屏幕：【Ctrl】+【Alt】+【S】

叠加：【Ctrl】+【Alt】+【O】

柔光：【Ctrl】+【Alt】+【F】

强光：【Ctrl】+【Alt】+【H】

颜色减淡：【Ctrl】+【Alt】+【D】

颜色加深：【Ctrl】+【Alt】+【B】

变暗：【Ctrl】+【Alt】+【K】

变亮：【Ctrl】+【Alt】+【G】

差值：【Ctrl】+【Alt】+【E】

排除：【Ctrl】+【Alt】+【X】

色相：【Ctrl】+【Alt】+【U】

饱和度：【Ctrl】+【Alt】+【T】

颜色：【Ctrl】+【Alt】+【C】

光度：【Ctrl】+【Alt】+【Y】

复制当前图层：【Ctrl】+【J】

强行关闭当前话框：【Ctrl】+【Alt】+【W】

粘贴：【Ctrl】+【Alt】+【V】

无限返回上一步：【Ctrl】+【Alt】+【Z】

选择功能

全部选取：【Ctrl】+【A】

取消选择：【Ctrl】+【D】

重新选择：【Ctrl】+【Shift】+【D】

羽化选择：【Ctrl】+【Alt】+【D】

反向选择：【Ctrl】+【Shift】+【I】

路径变选区 数字键盘的：【Enter】

载入选区：【Ctrl】+点按图层、路径、通道面板中的缩约图

第二章 平面广告设计

本章主要内容

平面广告设计案例——旅游海报设计
经验提示

本章小结
思考与练习题
海报设计欣赏

2

第二章　平面广告设计

本章主要内容：

Photoshop图层控制面板和动作面板的基本操作

Photoshop的主要绘图和编辑工具

Photoshop的图像调整命令

本章主要涉及到的技术包括：图层面板的操作、动作面板的操作、快速蒙版、选择移动工具、钢笔路径工具、填充渐变工具、自由变换工具、文字工具。本章案例是一张旅游海报设计，设计创意及表现手法以风景图片的编辑修改和排版特效处理为主，配合适当的文字和图案标志设计，较全面地涵盖了Photoshop的常用工具和操作命令。

平面广告设计案例——旅游海报设计

1. 执行"文件/新建"或按"Ctrl+N"组合键，弹出"新建文档"对话框，设置如图15所示。

本案例最终完成效果

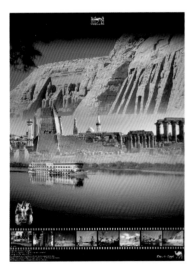

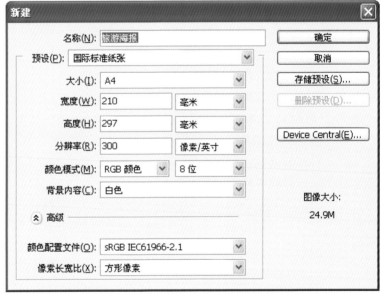

图15

2. 在图层控制面板中双击"背景图层"使之变为未锁定可编辑图层，图层名称为"图层0"。在工具箱中将前景色设为黑色，按"Alt+Delete"组合键将"图层0"填充为黑色。在图层控制面板右下角点击按钮新建一图层，命名为"胶片齿孔"并将其置于"图层0"的上方，如图16—图20所示。

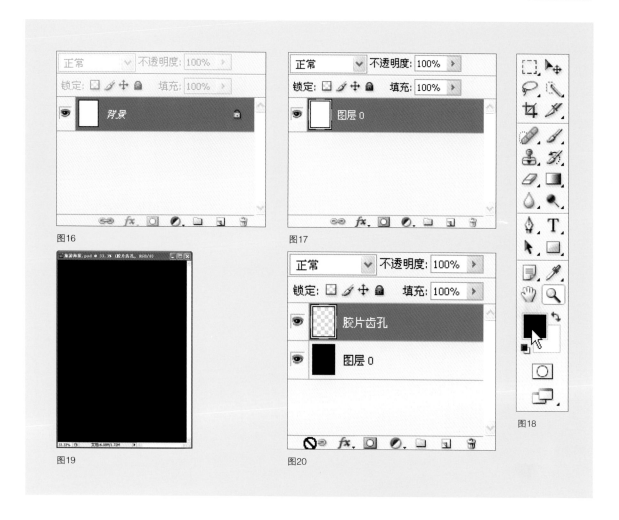

图16

图17

图19

图20

图18

3. 选择"胶片齿孔"图层为工作图层，用工具箱中的"缩放工具"将画面缩放为100%，用矩形选框工具在左上角绘制一长方形选区，大小如图所示。在工具箱中将背景色设为白色，按"Ctrl+Delete"组合键将所选区域填充为背景色白色，如图21—26所示。

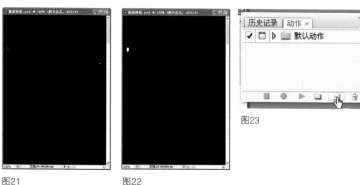

图21

图22

图23

图24

图25

图26

4. 执行"窗口/动作"或按"Alt+F9"组合键打开动作面板，单击"创建新动作"按钮新建一个动作，系统默认名称为"动作1"（也可改为自己需要的名称），无须修改其他选项直接点击"记录"。保持当前工具在矩形选框工具状态下，在画面中按"Shift+→"组合键两次，将原来的矩形选区向右移动20像素。按"Ctrl+Delete"组合键将所选区域背景色填充为白色，然后点击动作面板中的停止键，完成对"动作1"的录制。确保当前选择的是"动作1"，连续按动作面板下方的播放键，不断向右等距复制出白色矩形色块直到画面最右端，如图27、图28所示。

图27　　　　　　　　　图28

经验提示

每按"→"键一次移动一个像素，每按"Shift+→"组合键一次移动10个像素。

5. 在图层面板中选择图层"胶片齿孔"为工作图层，点击该图层不松开鼠标并拖曳到右下角的新建图层按钮上然后松开鼠标，此时系统自动生成一名称为"胶片齿孔副本"的新图层，其内容与"胶片齿孔"图层完全一样并自动置于该图层上方，如图29、图30所示。选择"胶片齿孔副本"为当前层，点选工具箱中的移动工具，在画面中连续按键盘方向键"↓"对该图层内容进行位置调整，直到如图所示的位置。按"Ctrl+E"组合键将"胶片齿孔副本"图层向下合并入"胶片齿孔"图层。

图29

图30

6. 选择"胶片齿孔"图层为工作图层，在如图示的位置绘一矩形选区并按"Ctrl+Delete"组合键将其填充为背景色白色。利用动作命令将新绘制的白色矩形向右等距复制几个，效果如图31、图32所示，至此胶片轮廓部分绘制完成。在工具箱中选择移动工具，将绘制完成的胶片轮廓向下移动到画面下方，如图33所示。

图31

图32

图33

7. 打开一张图片，选择"移动工具" 在图片窗口中点击鼠标左键拖曳到"旅游海报"图片窗口中松开鼠标，自动生成新图层"图层1"，如图34所示。

图34

8. 按"Ctrl+T"组合键对"图层1"进行自由变换，在工具属性栏里按下"保持长宽比"按钮，调整百分比参数使"图层1"的图像大小近似一张胶片的大小，按回车键确认，如图35所示。

9. 选择"移动工具"移动图片至一张胶片的位置，在图层面板中点击"图层1"旁的"眼睛"图标使该图层不可见。切换"胶片齿孔"图层为工作图层，选择"魔棒工具"，在第一张胶片空白位置点击鼠标选中空白区域，按"Ctrl+Shif+I"组合键对当前选区进行反选，置"图层1"所有选区，操作结果如图36所示。

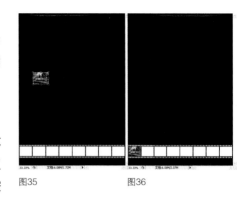

图35　　　　　　图36

图37　　　图38　　　图39

10. 参照上一步骤，继续添加图片将其他所有胶片空白部分填满。按住"Ctrl"键点选插入图片所生成的各个图层，按"Ctrl+E"组合键合并这些图层，命名合并后的图层为"风景胶片"，如图37—图39所示。

11. 双击"缩放工具"显示实际像素，用"抓手工具"拖动画面显示胶片细节。将"风景胶片"图层设为不可见，置"胶片齿孔"图层为当前图层，选择"魔棒工具"，在工具属性栏里将容差设为30，将"连续"旁的对号取消，在画面中白色区域点击鼠标选中所有白色区域，按住"Alt"键逐一点击胶片区域将它们从选区中减去只留下齿孔部分，如图40、图41所示。

图41

图40

12. 按"Ctrl+0"组合键将画面以适合屏幕的大小显示，选择工具箱中的"渐变工具"，在工具属性栏里点击渐变示例窗口弹出"渐变编辑器"对话框，如图42所示。选择"橙色、黄色、橙色"渐变样式，点击"确定"退出对话框，在画面中用鼠标从左到右横向拖曳一条直线，按"Ctrl+H"隐藏选区边界观察渐变效果，若不满意亦可改变斜度和起止点重新拖曳直线直至满意。按"Ctrl+D"取消所有选区，恢复"风景胶片"图层为可见，最终效果如图43所示。

图42

图43

13. 打开一张新图片，选择"移动工具"将该图片移动复制到旅游海报文件窗口中，随之生成的新图层命名为"主图下"。按"Ctrl+T"组合键将该图层等比例缩放至适合大小，依此方法再移动复制两张图片到文件中，新图层分别命名为"主图中"、"主图上"，三个图层的叠置次序如图44、图45所示。

图44

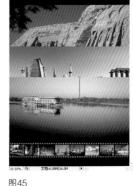

图45

14. 选择"主图下"图层为工作图层，在图层面板中点击"添加图层蒙版"按钮为该图层添加蒙版。在工具箱中置换前景色为白色，背景色为黑色，选择"渐变工具"，调出"渐变编辑器"对话框，将填充方案设置为"前景到背景"。在图中竖向由下往上拖曳一条直线，对当前图片上部进行渐隐处理，如图46、图47所示。

15. 参考上一步骤，对"主图中"和"主图上"进行边界渐隐，调整最终效果如图48所示。

图46

图47

图48

16. 打开一张埃及法老面具图片，选择"钢笔工具"，单击工具属性栏中的"路径"按钮，在面具轮廓边缘任意位置单击鼠标确定起始点后松开鼠标，配合"Ctrl"键和"Alt"键将面具轮廓精确绘出，自动生成"工作路径"。在路径面板中选择"工作路径"，单击"将路径作为选区载入"按钮，将面具部分精确选出，如图49—图51所示。

图49

图50

图51

17. 选择"移动工具"将面具图像移动复制到旅游海报文件窗口中,将新图层命名为"法老面具"。使用"Ctrl+T"组合键对面具进行自由变换,按住"Shift"键的同时拖动变换锚点可实现等比例缩放,按住"Ctrl"键的同时拖动变换锚点可实现自由变形。将面具图像调整至如图52所示的位置和大小。

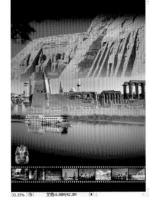

图52

图53

图54

18. 在图层面板中将"法老面具"图层复制一个副本图层"法老面具副本",并将其置于"法老面具"图层上方,将该图层混合模式调整为"叠加",使面具产生金属光泽。若觉得光泽度太高,可调节该图层透明度以达到理想效果,如图53—图55所示。

图55

图56

19. 参照上一步骤给海报上方添加一张装饰浮雕图片并加强其光泽度,用"移动工具"将浮雕置于海报上方适当位置,命名该图层为"装饰浮雕"。在图层面板中按住"Ctrl"键同时选中"装饰浮雕"和"图层0"两个图层。在工具属性栏里点击"水平居中对齐"按钮,对齐效果如图57、图58所示。

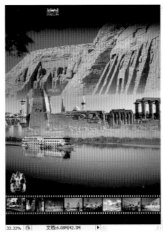

图57

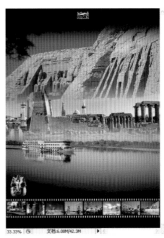

图58

20．选择工具箱中的"文字工具"，在旅游海报画面左下方单击鼠标，此时图层面板中自动新生成一个文字图层。命名该文字图层为"文字说明"，调整工具属性栏各项参数如图59—图61所示，输入文字。完成后在图层面板中用鼠标单击图层名空白处退出文字输入状态，若需修改已输入的文字内容，双击文字图层标志，此时画面中已经输入的文字变为亮显，可对其进行再次编辑修改。

图59

图60

图61

21．打开一张骆驼卡通图片并删除多余背景，用"移动工具"将骆驼图像拖曳复制到海报文件窗口中，命名新生成的图层为"骆驼标志"。用"Ctrl+T"组合键将骆驼图像调整到适合大小并移动到画面右下角，如图62所示。

图62

22．选择"骆驼标志"图层为当前图层，执行"图像/调整/去色"命令将骆驼图像变为灰色。执行"图像/调整/色彩平衡"命令，分别调整"阴影""中间调""高光"参数，将各参数下的"黄色—蓝色"滑块置于黄色端，使骆驼图像变为黄色，如图63—图65所示。

图63

图64

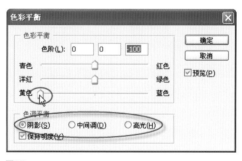

图65

23．在图层面板中双击"骆驼标志"图层弹出"图层样式"对话框，勾选"内发光""斜面和浮雕""光泽"三个选项，参照图66—图69的图示调整参数，使骆驼具有金属光泽和浮雕效果。

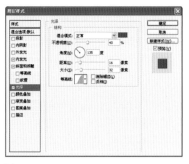

图66

图67

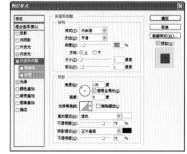

图68

图69

　　24. 使用"文字工具"在骆驼标志旁边添加旅行社名称，如本案例中使用了英文"Explore Egypt"。为了配合骆驼的金属浮雕效果，可参照上一步骤做法对该文字图层添加图层样式，最终效果如图70所示。

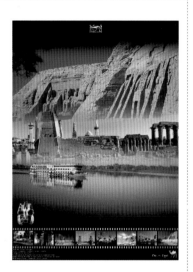

图70

本章小结：

　　本章主要讲解了Photoshop软件在平面设计中的常用操作技术，通过本章案例（旅游海报设计）的详细分步骤讲解，使读者领会并掌握平面设计中常用的Photoshop绘图工具和编辑命令。结合本章案例的具体设计内容，从版式、颜色、文字、图形、图片等各方面进行专门定制和编辑，充分发挥Photoshop软件的强大图像编辑功能，使读者在学习软件的同时也学习了设计方法，而不是简单地对图像素材随意拼贴，缺乏设计主题和设计创意。此外，作为入门学习的第一个案例，本章也力图在讲解上由浅入深、循序渐进，以便于读者快速理解并掌握相关的操作方法和应用技巧。

思考与练习题：

　　1. 什么是路径？简述其主要功能和操作方法。

　　2. 如何给图层添加图层样式？图层样式可以为图层添加哪些特殊效果？

　　3. 试运用本章所学的操作技术设计绘制一张公益活动宣传海报。

海报设计欣赏

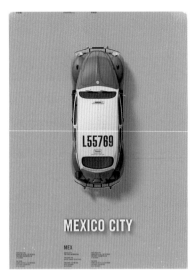

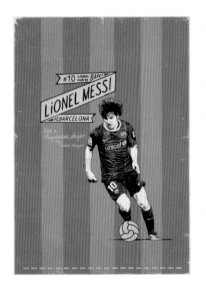

第三章　字体设计与制作

本章主要内容

应用实例——字体设计

本章小结
思考与练习题
字体设计欣赏

第三章　字体设计与制作

本章主要内容：

Photoshop文字工具

Photoshop路径工具

本章主要讲述平面设计中字体设计的基础概念、应用范围，以及在Photoshop中相关工具的应用。字体设计是平面设计专业课程中的重要组成部分，要求掌握汉字和拉丁文字的结构特点，通过Photoshop软件创造性地进行视觉形象的字体设计，从实践的角度阐述如何运用现代的计算机辅助工具来实现优秀的设计，使之既能传情达意，又能表现出令人赏心悦目的美感，为平面设计奠定较好基础。

应用实例——字体设计

1. 执行菜单"文件/新建"或按"Ctrl+N"组合键打开"新建文档"对话框，设置文件名称为"字体设计"，文件大小为"1024像素×768像素"，分辨率为"72像素/英寸"，颜色模式为"RGB颜色"，如图71所示。

图71

2. 选择"文字"工具，在画面中输入笔画较粗的文字，单击"字符和段落调板"，设置字体大小为200点，行距200点，字距75，如图72—图75所示。

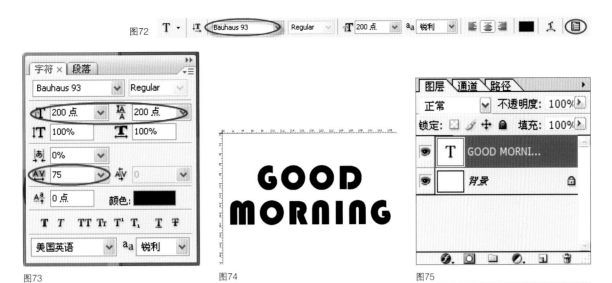

图72

图73　　　　图74　　　　图75

3.选择"GOOD MORNING"图层，按住鼠标左键拖至"创建新的图层"按钮，复制出一个新的图层。点击"GOOD MORNING"图层前面的"眼睛"隐藏掉该图层，并将鼠标放置在新图层上。点击鼠标右键，选择"删格化图层"使文字图层转化为一般的图像图层，如图76—图78所示。

图76

图77

图78

4．选择"矩形选框"工具 将字母"O"全部选取，按"Delete"键删除，如图79—图80所示。双击新图层上的文字或单击图层面板右上角选择下拉菜单"图层属性"，将图层命名为"图层1"，如图81、图82所示。

图81

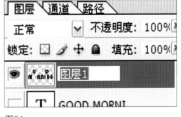

图82

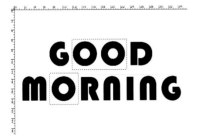

图79　　　　图80

5．单击"创建新的图层"按钮，双击图层文字改名为"饼干"。选择"椭圆选框"工具，画出一个椭圆选区，按"Alt+Delete"键填充前景色，如图83、图84所示。

图83

图84

图85

图86

6．复制"饼干"图层为"饼干副本"图层，按"Ctrl+Delete"键填充背景色，"Ctrl+D"键取消选区，按"Ctrl+T"切换至"自由变换"，配合"Shift"键成比例缩放至合适大小后确定，如图85—图86所示。

7．将光标移到"饼干"图层的"图层缩览图"处，按"Ctrl"键调出该图层选区，选择"移动"工具，单击选项栏中的"垂直中齐"和"水平中齐"按钮，使两个圆中心对齐。然后，选择"饼干"图层，将光标移到"饼干副本"图层按"Ctrl"键调出小圆选区，按"Delete"键删除，取消选区后将"饼干副本"图层删除，如图87—图90所示。

图89

图87

图88

图90

8. 按"Ctrl"键调出"饼干"图层选区，单击路径面板上"从选区生成工作路径"按钮，选择"画笔"工具，按"F5"打开画笔调板，将画笔主直径设置为"尖角25"，间距设置为90%。单击路径面板上用"画笔描边路径"按钮，生成饼干外形。选择右上角下拉菜单中的"存储路径"保存路径为"路径1"，如图91—图95所示。

图93

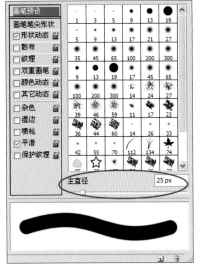

图91

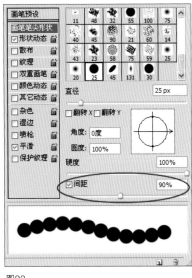

图92

图94

图95

9. 按"Ctrl"键调出"饼干"图层选区，创建"饼干1"图层，填充颜色（C3，M32，Y90，K0）隐藏"饼干"图层，如图96所示。

图96

10. 单击图层样式中的"斜面和浮雕"，设置样式为内斜面，大小25像素，软化3像素，阴影不透明度45%，如图97—图99所示。

图97

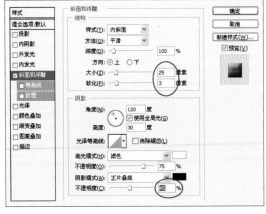

图98

图99

11．选择"橡皮擦工具"，设置主直径为7像素，在饼干上画出小孔后调出该图层的选区。选择"画笔"工具，设置主直径为柔角45像素，流量30%，绘制饼干局部烘烤效果，然后取消选区，如图100、图101所示。

图100

图101

12．按"Ctrl+T"切换至"自由变换"，配合"Ctrl"键缩放调整至合适的透视大小后确定，如图102所示。

13．复制"饼干1"图层并改名为"饼干2"，调整至合适位置，如图103、图104所示。

图102

图103

图104

14．保持"饼干2"图层为工作图层，按"Ctrl"键调出"饼干1"图层选区，选择"橡皮擦工具"擦除覆盖部分，如图105、图106所示。

图105

图106

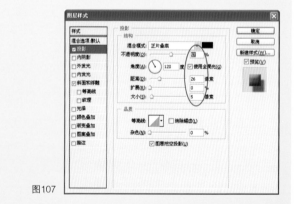

图107

15．选择"饼干1"图层，单击图层样式中的"投影"，设置为不透明度57%，距离26像素，扩展0%，大小5像素，如图106、图107所示。

图108

图109

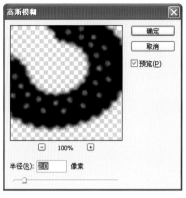

图110

16．按"Ctrl"键调出"饼干2"图层选区，单击按钮创建一个新图层改名为"阴影"，将该图层移动至"饼干2"图层下面并填充黑色，移动至合适位置，设置图层不透明度60%，执行"滤镜/高斯模糊"设置半径2.0像素，如图109—图110所示。

17．按"Ctrl"键调出"饼干1"图层选区，保持"阴影"图层为工作图层，选择"橡皮擦工具"擦除覆盖部分，如图111—图112所示。

图111

图112

18．单击按钮创建一个新图层改名为"西红柿"，选择"椭圆选框工具"在画面中画一个正圆，填充红色（C0，M95，Y66，K0）后取消选区。按"Ctrl+T"切换至"自由变换"，配合"Ctrl"键缩放调整至合适的透视大小后确定，如图113、图114所示。

图113

图114

图115

19．选择"加深工具"和"减淡工具"，按照西红柿的结构画出亮部与暗部，如图115所示。

20．单击按钮创建一个新图层改名为"花蒂"，隐藏其他图层。选择"钢笔工具"，配合"Alt"键和"Ctrl"键，调整锚点成花蒂的形状，将工作路径存储为"路径2"，如图116、图117所示。

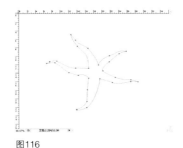
图116

图117

21．单击路径面板上的"将路径作为选区载入"按钮，切换回图层面板并填充绿色（C74，M0，Y95，K0）。选择"花蒂"图层，单击图层样式中的"投影"，设置方法为雕刻清晰，大小2像素，软化0像素。然后选择"加深工具"和"减淡工具"，按照花蒂的结构局部提亮亮部与加深暗部，如图118、图119所示。

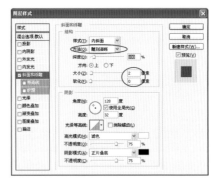
图118

图119

22．显示其他图层，按"Ctrl+T"切换至"自由变换"，加"Shift"键成比例缩放花蒂至合适大小，如图120所示。

图120

23．单击按钮创建一个新图层改名为"西红柿阴影"并移动至"西红柿图层"下面。选择"椭圆选框工具"，在画面中画一个椭圆，填充黑色后取消选区，设置图层不透明度为50%。执行"滤镜/高斯模糊"设置半径4.0像素，如图121—图123所示。

图121

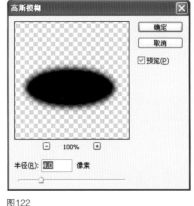
图122

图123

24. 单击按钮创建一个新图层改名为"花蒂阴影"并移动至"花蒂图层"下面，按"Ctrl"键调出"花蒂"图层选区，填充黑色后取消选区，设置图层不透明度为50%。执行"滤镜/高斯模糊"设置半径2.0像素，如图124所示。

图124

25. 选择"涂抹工具"，设置主直径为48像素，强度50%，根据西红柿的结构转折局部调整花蒂阴影的走势，如图125、图126所示。

图125

图126

26. 单击按钮创建一个新图层改名为"色块"并移动至"背景"图层上面，选择"矩形选框"工具画出一个长方形选区，填充绿色后取消选区，如图127、图128所示。

图127   图128

27. 选择"文字"工具，在画面中输入两行文字，单击"居中对齐文本"按钮后，将该段文字移动至中轴位置，最终效果完成，如图129、图130所示。

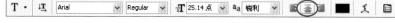

图129

图130

本章小结:

　　Photoshop在字体设计中应用非常广泛,一般多采用基本工具。对平面设计师来说,灵活掌握和熟练运用此软件是为更好传递信息,在表达设计思想、掌握传统知识的同时,还要学习新颖、现代的设计手法,具备崭新的设计理念,以适应时代和社会的需要。

思考与练习题:

　　1. 拉丁文字的基本特点是什么?设计一套新字体,要求大小写字母及阿拉伯数字均有。

　　2. 以一个拉丁文单词和一个中文词组各进行两组字体创意设计。

　　以上练习均注意要在Photoshop中选择最合适的工具进行操作。

字体设计欣赏

第四章　版式设计

本章主要内容

应用实例——版式设计

本章小结
思考与练习题

CD唱片设计欣赏
时尚杂志设计欣赏

4

第四章　版式设计

本章主要内容：

版式设计的网格系统设计

Photoshop通道知识

本章主要通过利用Photoshop的案例，对元素进行精心挑选和巧妙合理的安排，将设计版式的思想、技术和经验贯穿起来，对从创意到最终实现的全过程进行了全面的讲解，进一步训练学生的创意思维、掌握平面设计软件的创作技巧。

应用实例——版式设计

最终完成效果

1. 执行菜单"文件/新建"或按"Ctrl+N"组合键打开"新建文档"对话框，设置文件名称为"版式设计"，文件大小为"210毫米×297毫米"，分辨率为"72像素/英寸"，颜色模式为"CMYK颜色"，如图131所示。

图131

图132

2. 执行菜单"视图/标尺"或按"Ctrl+R"组合键调出标尺，选择"移动工具" 放至标尺上，按住鼠标左键分别将"辅助线"拖动到X13、Y18的位置，将画面分成四份，如图132所示。

3. 单击"创建新的图层"按钮，双击图层文字改名为"红色"，选择"矩形选框"工具，框选左上角区域，按"Alt+Delete"键填充前景色（C0，M100，Y60，K0），按"Ctrl+D"键取消选区，如图133、图134所示。

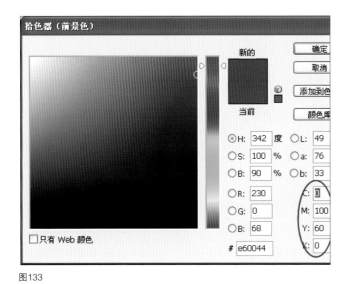

图133

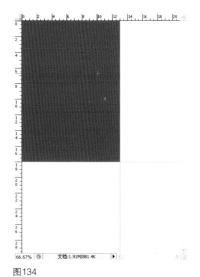

图134

4. 参照上一步，分别创建"黄色""浅灰色""蓝色"图层，并对应填充黄色（C0，M0，Y65，K0），浅灰色（C10，M0，Y0，K10），蓝色（C100，M50，Y0，K0），如图135—图139所示。

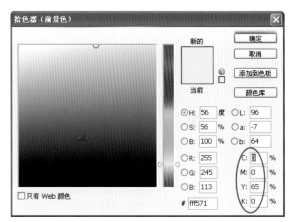

图135

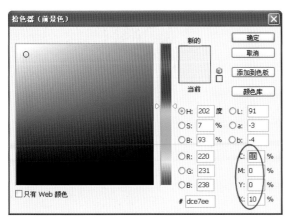

图136

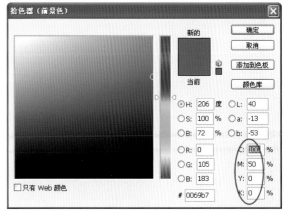

图137

图138

图139

5. 打开文件"孩子"图片，选择"钢笔工具"，配合"Alt"键和"Ctrl"键，画出孩子轮廓，单击路径面板上的"将路径作为选区载入"按钮，选择"移动工具"将选区内的孩子部分图片拖至"版式设计"图片上，如图140所示。

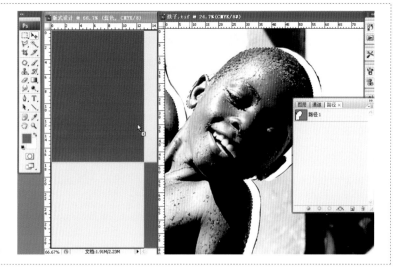

图140

6. 按"Ctrl+T"切换至"自由变换"，加"Shift"键成比例缩放孩子至合适大小，如图141所示。

7. 隐藏"红色""黄色""浅灰色""蓝色"图层，切换至通道面板，复制"青色"通道为"青色副本"，如图142—144所示。

图141

图142

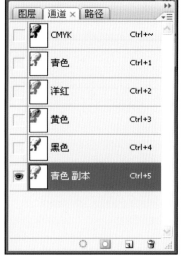

图143

图144

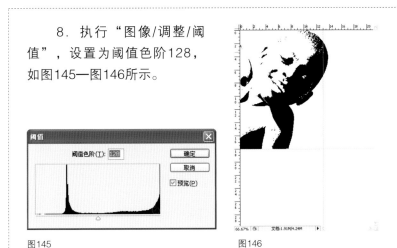

8．执行"图像/调整/阈值"，设置为阈值色阶128，如图145—图146所示。

图145

图146

9．单击"创建新的图层"按钮创建"图层2"，执行"选择/载入选区"，设置通道为"青色副本"并勾选"反相"，如图147—图148所示。

图147

图148

10．填充黑色后取消选区，按"Ctrl+T"切换至"自由变换"，加"Shift"键成比例缩放"图层2"至合适大小并移动至图片左下角，如图149—图150所示。

图149

图150

35

11. 隐藏"图层2",创建"图层3",复制"洋红"通道为"洋红副本",将"图层3"调整至合适大小位置,如图151—图154所示。

图151

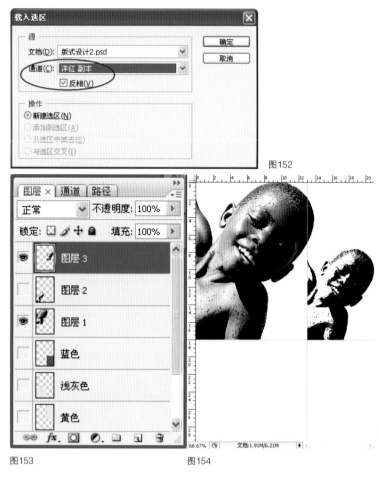

图152

图153   图154

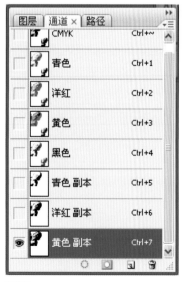

图155

12. 隐藏"图层3",创建"图层4",复制"黄色"通道为"黄色副本",将"图层4"调整至合适大小位置,如图155—图158所示。

图156

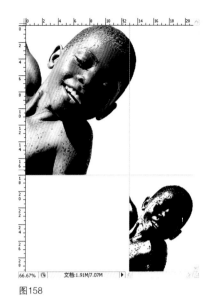

图157

图158

13. 隐藏"图层4",创建"图层5",复制"黑色"通道为"黑色副本",将"图层5"调整至合适大小位置,待用,如图159—图162所示。

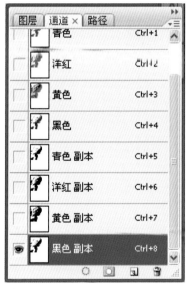

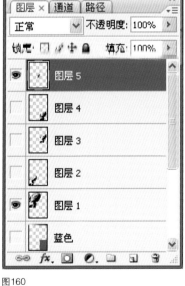

图159

图160

图161

图162

14. 隐藏所有图层。打开文件"树"图片，选择"移动工具"将图片拖至"版式设计"图片上，将该"图层6"拖至"图层1"上方，按"Ctrl+T"切换至"自由变换"，将图片调整至水平辅助线下半部分的大小，如图163所示。

15. 选择"魔棒工具"选取图片中受光区域，如图164所示。

图163

图164

16. 在通道面板上，单击"创建新通道"按钮创建"Alpha 1"，填充白色后取消选区，如图165—图166所示。

17. 按"Ctrl+T"切换至"自由变换"，配合"Shift"键成比例放大一些该白色区域后确定，如图167所示。

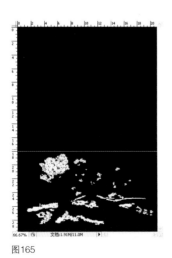

图165

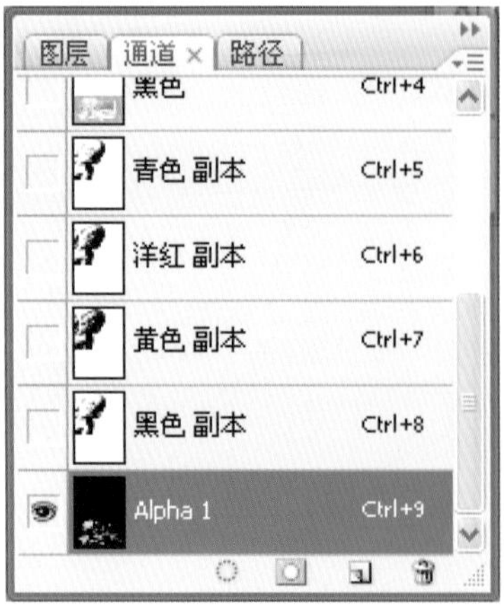

图166

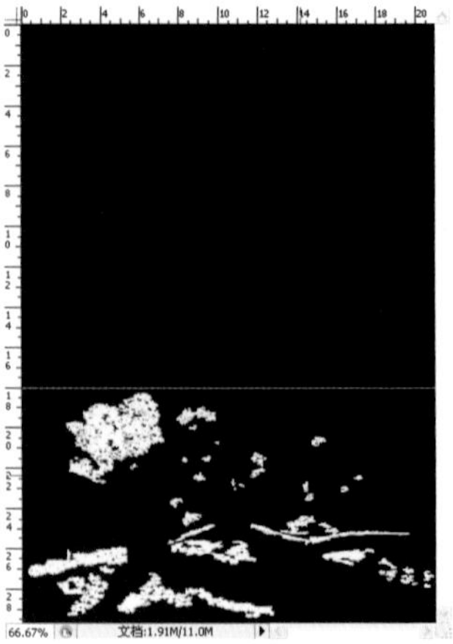

图167

18. 执行"滤镜/模糊/径向模糊",设置数量40,模糊方法为缩放,中心模糊改至中上位置,确定。根据效果可再次执行该命令,如图168、图169所示。

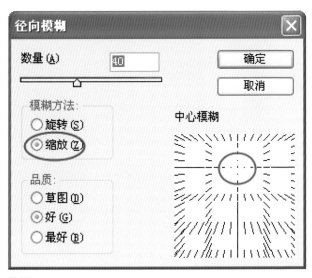

图168

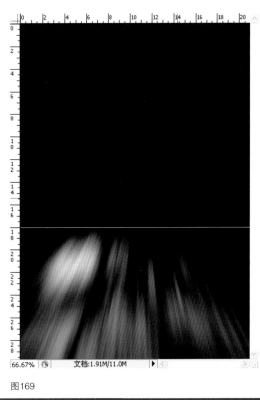

图169

19. 单击"图层6"显示该图层,执行"选择/载入选区",将"Alpha 1"选区载入图片中,如图170、图171所示。

图170

图171

20. 按"Delete"键删除,可根据需要多次删除得到满意效果,取消选区,如图172所示。

图172

21. 显示所有图层，将"图层6"的图层混合模式设置为"柔光"，如图173、图174所示。

图173

图174

图175

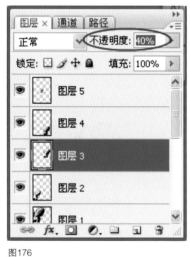

图176

22. 设置"图层2"不透明度20%，"图层3"不透明度40%，"图层4"不透明度40%，"图层5"不透明度40%，如图175—图179所示。

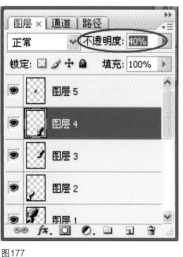

图177

图178

图179

图180

23. 选择"横排文字工具"输入文字"MAKE",设置"Broadway"字体,文本颜色为白色,按"Ctrl+T"切换至"自由变换",将文字调整至合适位置大小,如图180、图181所示。

图181

图182

图183

24. 把"图层5"移动至"MAKE"文字图层上方,按"Ctrl+T"切换至"自由变换",调整图片大小与文字同高,左侧边缘与文字"K"的左侧边缘靠齐,如图182、图183所示。

25. 选择"横排文字工具"输入文字"a better space",设置"微软雅黑"字体,字体大小27点,文本颜色为黑色,如图184、图185所示。

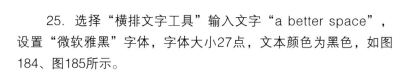

图184

图185

图186

图187

26. 输入两行文字"Heal the world we live in Save it for our children",在字符面板设置字体为"微软雅黑",字体大小20点,行距25点,段落对齐方式为"右对齐文本",如图186—图188所示。

图188

27. 选择"横排文字工具",对齐上方两行文字画出文本框,输入一段文字,字体为"黑体",字体大小为15点,段落对齐方式为"右对齐文本",如图189-图191所示。

图189

图190

图191

28. 同上步,在黄色块内输入一段文字,设置字体为"黑体",字体大小10点,垂直缩放80%,行距12点,最终完成效果,如图192、图193所示。

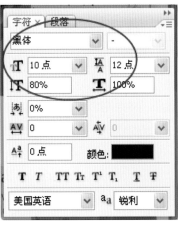

图192

图193

本章小结：

版式设计是视觉传达艺术的重要基础，将传承下来的基本设计原理与Photoshop紧密结合，更完美体现文化传统、审美观念和时代精神风貌等。良好的版式设计和精美的计算机制作，简明易读，准确无误地把信息流畅地传达给读者，吸引人们的注意，被广泛地应用于广告设计、书籍装帧设计、包装设计、展示设计、企业视觉形象系统设计（CIS）和网页设计等视觉传达艺术的领域，成为人们与企业、设计师沟通的重要桥梁。

思考与练习题：

1. 设计一套CD唱片，包括CD盘和CD盒，注意唱片的整体性与连续性。

2. 网格系统设计包含哪些要点？设计一本时尚杂志，不少于8页，要求包括封面、封底、目录、内页。

CD唱片设计欣赏

时尚杂志设计欣赏

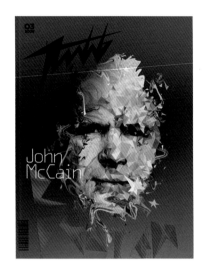

第五章 包装设计

本章主要内容

应用实例——包装设计

本章小结

思考与练习题

包装设计欣赏

5

第五章　包装设计

本章主要内容：

Photoshop各种工具的综合运用

本章主要讲述包装设计的基本概念、功能及分类，包装范围，包装的定位，以及在Photoshop中各种工具的综合穿插与应用。包装在设计中独立出来，体现了其促销、买卖双方的沟通、地域文化宣传等功能。结合Photoshop软件的运用，重点传授包装设计的基本理论知识，设计思维方法，理解包装设计的定位与设计风格以及包装设计与品牌、市场之间的相互关系，为学生以后参与社会专业设计打下良好的基础。

应用实例——包装设计

最终完成效果

1. 执行菜单"文件/新建"或按"Ctrl+N"组合键打开"新建文档"对话框，设置文件名称为"包装设计"，文件大小为"1024像素×768像素"分辨率为"150像素/英寸"，颜色模式为"CMYK"颜色，如图194所示。

图194

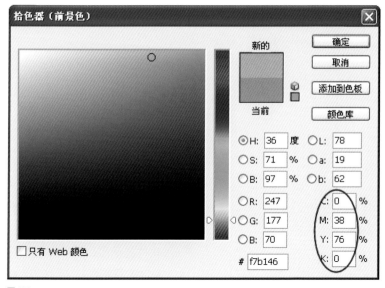

图195

2．创建新图层"图层
1"，选择"矩形选框工具"
加"Shift"键画一个正方形选
区，填充颜色（C0，M38，
Y76，K0）如图195、图196
所示。

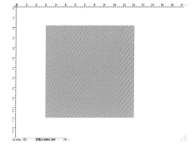

图196

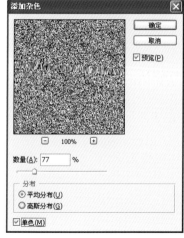

图197

3．执行"滤镜/杂色/添加
杂色"，设置数量77%，分布
为平均分布并勾选"单色"，
如图197、图198所示。

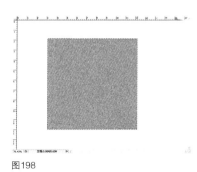

图198

4．复制"图层1"为
"图层1副本"，执行"滤
镜/风格化/浮雕效果"，设
置为角度135度，高度10
像素，数量100%，图层混
合模式为"叠加"，取消
选区后按"Ctrl+E"键合
并图层为"图层1"，如图
199、图200所示。

图199

图200

5．单击"创建新组"
按钮 并改名为"方盒1"，
将"图层1"移动进"方盒
1"组中，如图201所示。

图201

47

6. 复制"图层1"为"图层2"和"图层3",选择"图层3"按"Ctrl+T"切换至"自由变换",配合"Ctrl"键切变成方盒顶面透视效果,如图202所示。

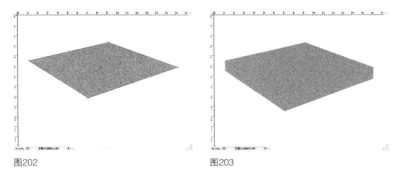

图202　　　　　　　　　　图203

7. 分别选择"图层2""图层1",参考上步,作出方盒的左侧垂面和右侧垂面,如图203所示。

8. 选择"图层2",执行"图像/调整/亮度/对比度",设置为亮度20,对比度5。选择"图层1",执行"图像/调整/亮度/对比度",设置为亮度-38,对比度0,如图204—图207所示。

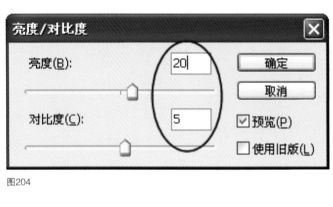

图204

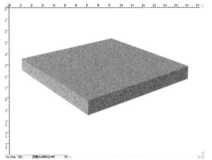

图206

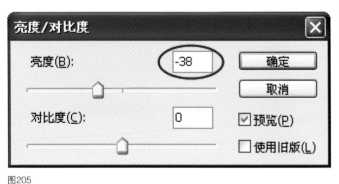

图205

图207

9. 选择"减淡工具""加深工具""海绵工具"分别对方盒的三个面进行局部提亮、加深处理,如图208所示。

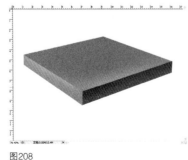

图208

48

10. 创建新"图层4"，选择"直线工具" 并在选项栏设置为"填充像素"，粗细2px，用黑色画出方盒插口处的阴影，如图209、210所示。

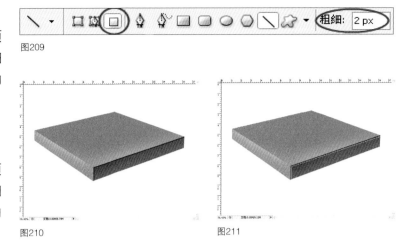

图209

11. 创建新"图层5"，选择"直线工具" 并在选项栏设置为"填充像素"，粗细2px，用白色画出方盒插口处的受光部分，如图211所示。

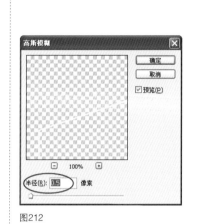

图210

图211

12. 执行"滤镜/模糊/高斯模糊"，设置半径0.5像素，将图层混合模式改为"叠加"，如图212—图214所示。

图212

图213

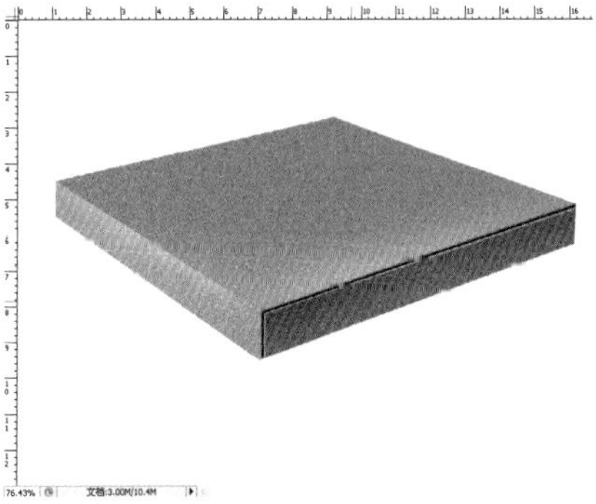

图214

13. 隐藏"方盒1"组。创建新"标签"组并在该组下创建新"蝙蝠"组，创建图层"翅膀1"，选择"钢笔工具" 切换至路径面板，画出蝙蝠翅膀底部，将路径存储为"翅膀1"，如图215、图216所示。

图215

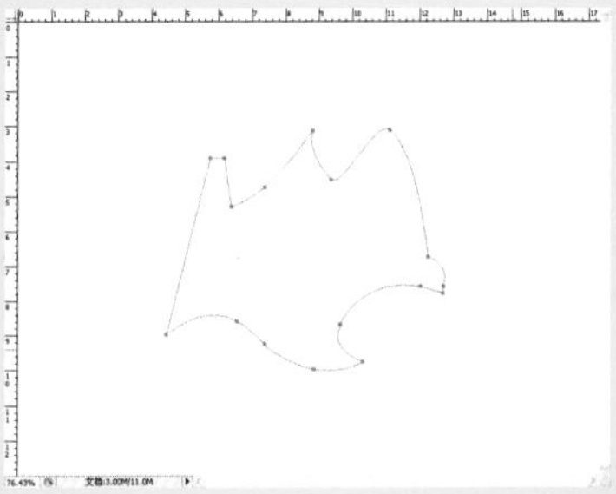

图216

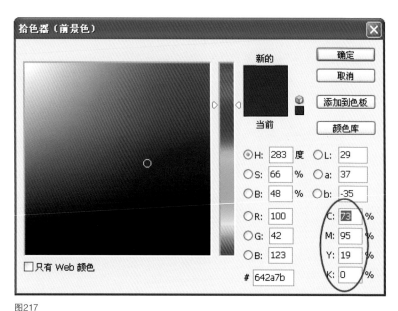

图217

14．单击"将路径作为选区载入"按钮，切换至图层面板，在"翅膀1"图层上填充紫色（C73，M95，Y19，K0）后取消选区，如图217、图218所示。

图218

15．选择"画笔工具"，设置颜色为黑色，主直径5px，单击路径面板上"用画笔描边路径"按钮描边翅膀，如图219—图221所示。

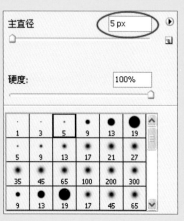

图219

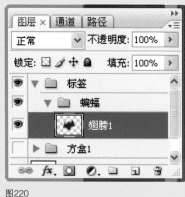

图220

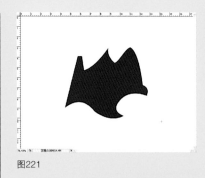

图221

16．依次画出"翅膀2""尾巴""身体""耳朵""头""胡须""爪"，如图222—图240所示。

图222

图223

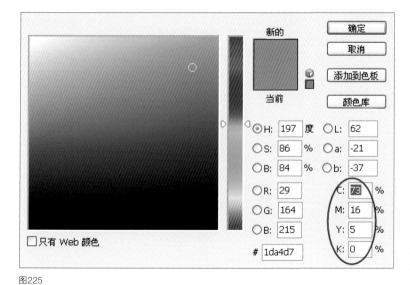

图225

图224

图226

图227

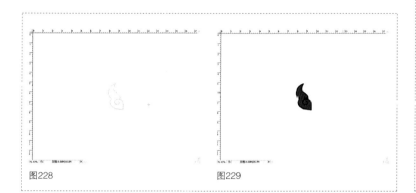

图228　　　　　　　　图229

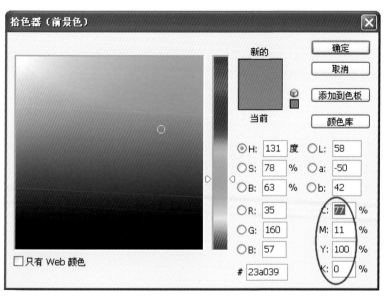

图231

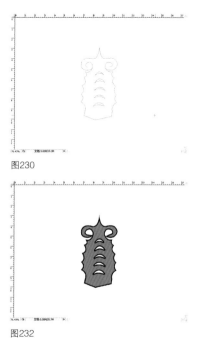

图230

图232

51

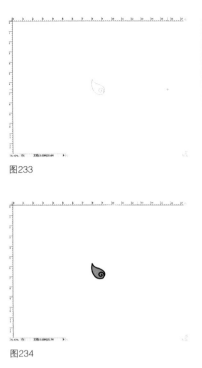

图233

图234

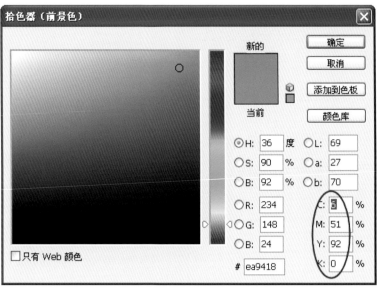

图235

拾色器（前景色）

新的

当前

添加到色板

确定

取消

颜色库

H: 36 度 L: 69
S: 90 % a: 27
B: 92 % b: 70
R: 234 C: 5 %
G: 148 M: 51 %
B: 24 Y: 92 %
□只有 Web 颜色 K: 0 %
ea9418

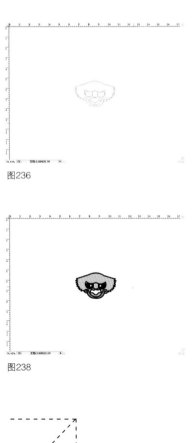

图236

图238

拾色器（前景色）

新的

当前

添加到色板

确定

取消

颜色库

H: 55 度 L: 87
S: 85 % a: -7
B: 93 % b: 81
R: 237 C: 11 %
G: 220 M: 9 %
B: 36 Y: 88 %
□只有 Web 颜色 K: 0 %
eddc24

图237

图239   图240

17. 将翅膀等对称部分复制图层，拼合蝙蝠各部分后复制图层为"蝙蝠"图层隐藏待用，如图241所示。

图241

18. 依次创建"图层6""图层7""图层8"，选择"椭圆选框工具"加"Shift"画出正圆选区并填充红色、黑色，调整合适大小，如图242、图243所示。

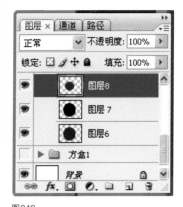

图242

图243

19. 选择"文字工具"分别输入"茶""普洱""TEA CHINA"，如图244—图250所示。

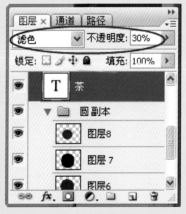

图244

图245

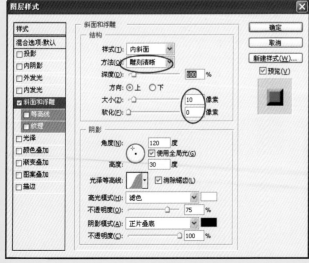

图246

图247

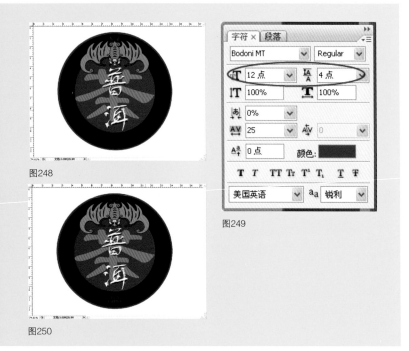

图248

图249

图250

20. 按"Ctrl+E"组合键合并"标签组",如图251、图252所示。

图251

图252

21. 创建新组命名为"圆盒",建新"图层9",选择"矩形选框工具"画出一个矩形选区,选择"渐变工具",编辑黑白渐变条填入选区,如图253、图254所示。

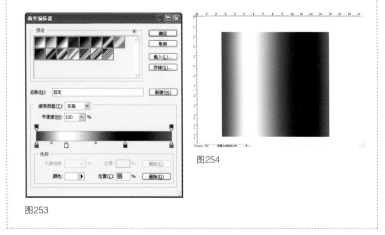

图253

图254

22. 创建一个新"图层10",制作出圆盒子表面效果,填充颜色为(C0,M100,Y96,K28),如图255、图256所示。

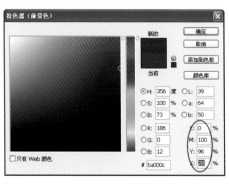

图255

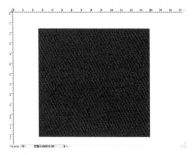

图256

23．将"图层10"混合模式改为"正片叠底"，按"Ctrl+E"组合键合并图层为"图层9"，如图257、图258所示。

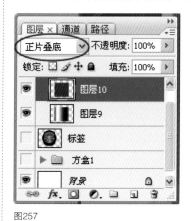

图257

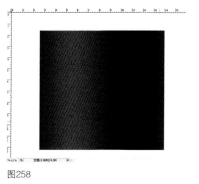

图258

24．创建"顶面"图层，选择"椭圆选框工具"，制作出圆盒子顶面，如图259所示。

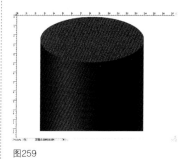

图259

25．按"Ctrl"键调出"顶面"图层选区，将选区移动至圆盒下方，加"Shift"键加选盒子上部，按"Ctrl+Shift+I"反选，点击"图层9"为工作图层，按"Delete"键删除多余部分，如图260、图261所示。

图261

图260

26．按"Ctrl"键调出"顶面"图层选区，用键盘"↓"键向下移动选区，如图262所示。

图262

27．选择"移动工具"用键盘"↑""↓"键向上向下各移动一次，执行"图层/新建/通过拷贝的图层"或按"Ctrl+J"，拷贝生成新图层，如图263、图264所示。

图263

图264

28. 按"Ctrl"键调出上步新建图层选区，用键盘"↓"键向下移动选区，单击"图层9"为工作图层，参考上步，拷贝成"图层10"并置于"顶面"图层上方，删除上步生成的图层，如图265、图266所示。

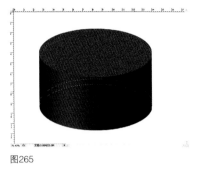

图265

图266

29. 按"Ctrl+T"切换至"自由变换"，执行右键菜单"水平翻转"，移动至顶面上边缘位置后确定，执行"图像/调整/亮度/对比度"设置亮度-9，对比度+14，如图267—图270所示。

图267

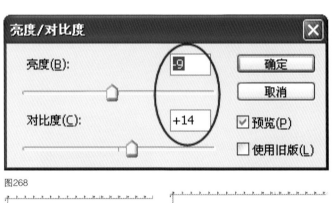

图268

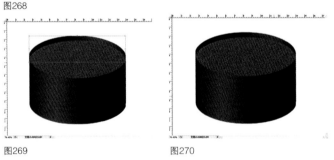

图269

图270

30. 创建新"图层11"，调出"顶面"图层选区，执行"编辑/描边"设置描边宽度10px，颜色黑色，位置居中，如图271—图273所示。

图271

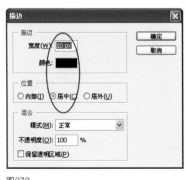

图272

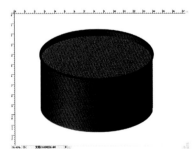

图273

31．创建新"图层12"，将选区稍微向上移动，用白色描边2px后取消选区，如图274—图276所示。

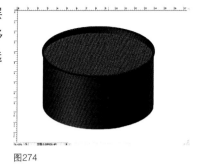

图274

图275

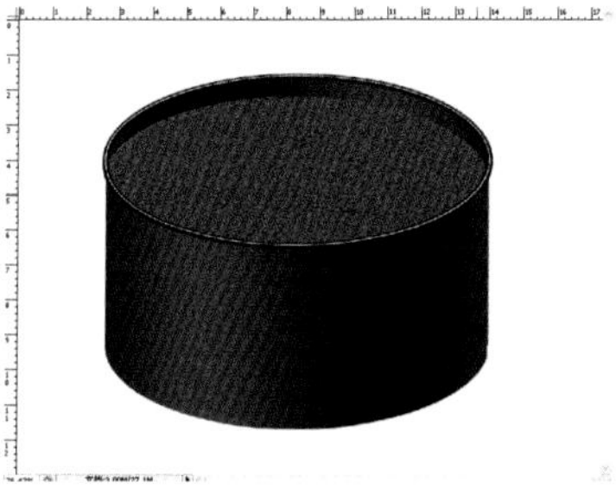

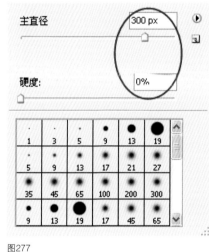

图276

32．选择"橡皮工具"，设置主直径300px，硬度0%，局部擦除多余高光，如图277、图278所示。

图277

图278

33．创建新"图层13"，调出"图层9"选区并向上位移，设置黑色描边2px后取消选区，选择"橡皮工具"，将多余部分擦除，如图279—281所示。

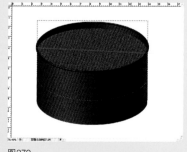

图279

图280

图281

34. 参考上步，创建"图层14"，白色描边2px，执行"滤镜/模糊/高斯模糊"设置半径0.5像素，将图层混合模式改为"叠加"，如图282所示。

35. 复制"蝙蝠"图层为"蝙蝠副本"图层并移动至"圆盒"组内，按"Ctrl+T"切换至"自由变换"，调整至合适大小位置，图层混合样式改为"正片叠底"。按这种方式依次再复制出四个图层并调整至合适位置及角度，合并这五个图层为"蝙蝠副本"，如图283、图284所示。

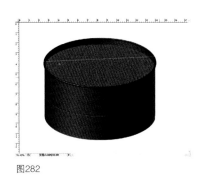

图282

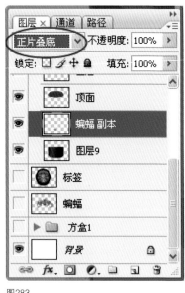

图283

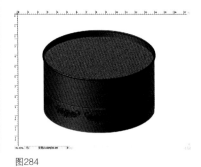

图284

36. 复制"标签"图层为"标签副本"图层并移动至"圆盒"内，按"Ctrl+T"切换至"自由变换"，调整至合适大小位置，选择图层样式投影，设置距离3像素，扩展0，大小2像素，完成后缩小整个"圆盒"组至合适大小待用，如图285、图286所示。

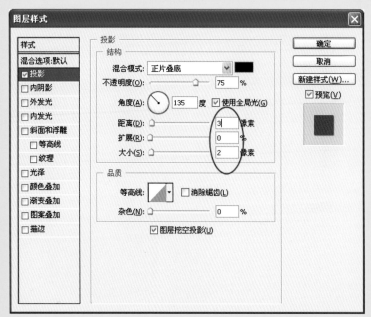

图285

图286

37. 复制"标签"图层为"标签副本2"图层并移动至"方盒1"内，按"Ctrl+T"切换至"自由变换"，调整至合适大小位置，选择图层样式投影，设置距离3像素，扩展0，大小2像素，完成后缩小整个"方盒1"组至合适大小待用，如图287所示。

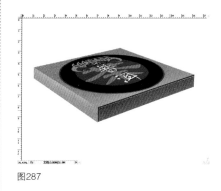

图287

38. 分别复制"方盒1"和"圆盒"组为"方盒2"和"圆盒2"组，根据设计要求上下位置组合，并删除多余部分，如图288所示。

图288

39. 编辑渐变色条由蓝色（C92，M61，Y57，K13）到黑色，填充"背景"图层，如图289—图291所示。

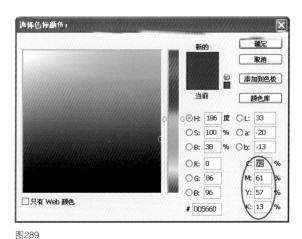

图289

图290

图291

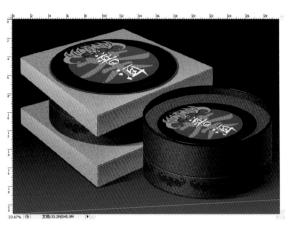

图292

40. 分别画出盒子阴影并渐变填充，完成最终效果，如图292所示。

本章小结：

成功的包装设计不仅能引起消费者对产品的注意与兴趣，还要使消费者透过包装准确了解产品及其所属企业文化理念，掩盖和夸大产品的信息和定位都会引起消费者的误解。借助Photoshop软件在有限的空间内精确展示商品的相关内容资料，快速搭建起商品、消费者、销售三方面的沟通平台，建立包装设计的基本意识和观念。

思考与练习题：

如何给包装定位设计？选择市面上同一类商品的包装进行分析研究，总结之前的设计作业经验，写出一份调研报告，不少于3000字，并设计一款此类商品的包装。

包装设计欣赏

综述 环境艺术设计表现方法

一、环境艺术设计简述

环境设计又称"环境艺术设计",是一种新兴的艺术设计门类,包含的学科十分广泛,主要由建筑设计、室内设计、公共艺术设计、景观设计等内容组成。

二、环境艺术设计效果图表现的要素

环境艺术设计表现图作为一个专业画种,具有很强的实用性,这就决定了设计表现图本质上是以表达设计方案为主题的,即表达所谓的效果的真实感"。计算机环境艺术表现图亦是如此。主要是要加强对设计主体的深化和烘托,以突出表达建筑的总体形象和重要的细节设计,并恰到好处地综合反映当时当地的环境气氛。

环境艺术设计效果图表现的要素主要包括透视问题,形体清晰,正确比例,材质得当,立体感和空间感,型、色、影的搭配,主体和配景的表现,构图完整等方面。

三、后期效果图处理的注意事项

建筑效果图制作分为前期和后期,多应用于效果图前期处理阶段。效果图的后期处理阶段,应该特别注意在效果图制作上的灯光、色调掌握和景物描写这三大问题。

第一章 材质的制作

第一节 金属材质的制作
本节重点
操作步骤

第二节 地面材质效果的制作
本节重点
操作步骤

第一章　材质的制作

第一节　金属材质的制作

本节重点:

掌握渐变工具、添加杂色、高斯模糊等功能的应用。进一步理解和掌握使用Photoshop进行金属拉丝材质制作方面的知识和技巧。

金属材质在制作效果图时，常常被运用到细部装饰上面。金属材质分类很多，从常用装饰材料方面来讲有金、银、铜、铁、不锈钢、铝、钛等等。根据金属材质的不同，其制作方式及步骤也是大相径庭的。在这一部分我们重点介绍一种常用金属拉丝板材的制作方法。

操作步骤

本实例首先创建新的文件和新的图层，然后使用渐变工具和滤镜中的添加杂色、高斯模糊等功能，制作基本的金属拉丝效果，最后使用曲线调整整体色调使得效果图更接近于真实效果。

金属材质完成效果

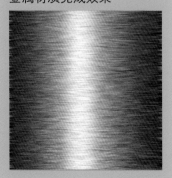

1. 启动PhotoshopCS，单击"文件/新建"命令，或按下"Ctrl+N"组合键，如图1所示，设置新文件名称为"金属材质"，宽度、高度都设置为10厘米，分辨率为"100像素/英寸"，颜色模式为"RGB/8位模式"，背景内容为白色。

图1

2. 单击"图层/新建/图层"命令，或按下"Shift+Ctrl+N"组合键，打开"图层"对话框，图层名称设置为图层1"，如图2所示。

图2

3．单击工具栏中的"渐变工具" ，点击线形渐变工具，如图3所示。点击渐变编辑器，弹出渐变编辑器对话框线。设置渐变编辑器各项参数，如图4所示。预设为黑白渐变，名称设为"自定"，渐变类型为实底，平滑度为100%，不透明色标为100%，色标分别为"灰色—白色—灰色"，两个颜色中点分别拖拉到靠近白色色标的位置，渐变最终效果如图5所示。

图3

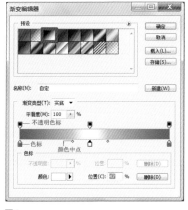

图4

图5

4．单击菜单栏"滤镜/杂色/添加杂色"命令，弹出"添加杂色"对话框，如图6所示设置数量：为30%，分布为高斯分布，点选单色，点击"确定"按钮。为图像添加杂色效果。

图6

5．单击菜单栏"滤镜/模糊/动感模糊"命令，弹出"动感模糊"对话框，如图7所示设置角度为0度，距离为25像素。

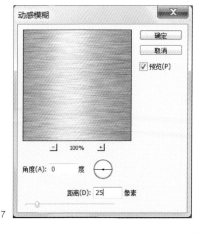

图7

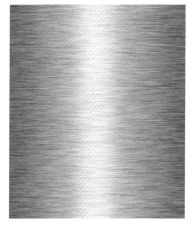

6. 单击"图像/调整/曲线"命令，或按下"Ctrl+M"组合键，打开"曲线"对话框，设置其中各参数如图8所示。

7. 金属拉丝板材的制作完毕，如图9所示效果图。

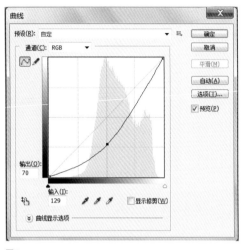

图8

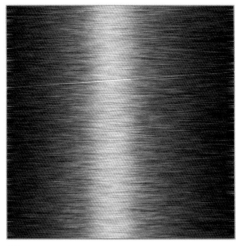

图9

8. 基于金属拉丝板材的制作之上，还可以通过调整"色彩平衡"的方法制作出更加多彩的金属材质。例如，点击"图像/调整/色彩平衡"命令，或按下"Ctrl+B"组合键，调整金属拉丝材质"的色调，设置参数值如图10所示。当色调坪横位中间调时，色彩平衡重色阶（L）分别为：+26、−5、−72。当色调坪横位高光时，色彩平衡重色阶（L）分别为：0、0、−41。点击"确定"按钮，完美地呈现出金色金属拉丝材质。

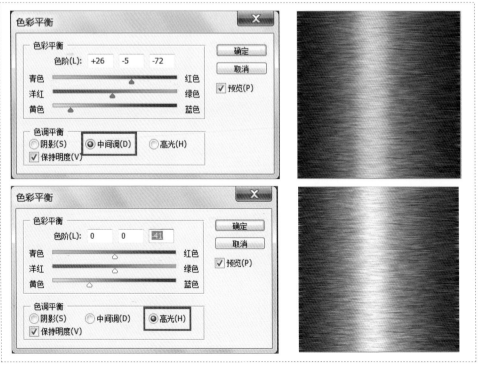

图10

第二节 地面材质效果的制作

本节重点：

通过本节的学习，掌握魔术棒工具、添加图层样式以及滤镜中纤维、极坐标以及云彩等功能的应用。可以进一步理解和掌握有关使用Photoshop进行木质板材制作方面的知识和技巧。

室内空间环境设计少不了地面材质的运用，因此地面材质表现效果的好坏，直接影响到整个空间环境的总体效果。地面材质有很多种类，常用的有：竹木类，分为竹地板和木地板，其中木地板又分为实木地板、复合木地板、实木复合地板；纤维织物类，有化纤地毯、纯毛地毯、橡胶绒地毯；塑料制品类，包括塑料地板、塑料卷材地板；石材类，有大理石、花岗石、人造大理石等；陶瓷类，包括陶瓷地砖、陶瓷锦砖；地面涂料。根据地面材质的不同，其制作方式及步骤也是大相径庭的。在这一部分我们重点介绍一种常用木质板材的制作方法。

操作步骤

本实例首先创建新文件和新图层，然后使用魔术棒工具、添加图层样式以及滤镜中纤维、极坐标以及云彩等功能，制作基本的木质板材效果，最后使用曲线调整整体色调使得木质效果看上去更加真实。

1.启动PhotoshopCS，单击"文件/新建"命令，或按下"Ctrl+N"组合键。如图11所示，设置新文件名称为"木质贴图制作"，宽度、高度都设置为10厘米，分辨率为"100像素/英寸"，颜色模式为"RGB/8位模式"，背景内容为白色。

2.单击工具栏中前景色，在拾色器中选择深棕色（R:44，G:9，B:0），点击"确定"按钮，单击工具栏中背景色，在拾色器中选择棕色（R:412，G:80，B:45），点击"确定"按钮，如图12所示。

木质板材完成效果

图11

图12

3. 单击菜单栏"滤镜/渲染/纤维"命令，弹出"纤维"对话框，如图13所示设置差异为10，强度为25，点击"确定"按钮，为图像添加纤维效果。

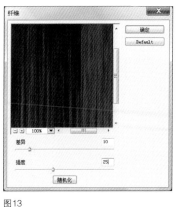

图13

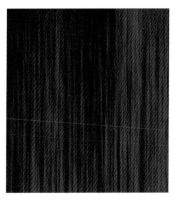

4．单击工具栏中魔术棒工具 ，如图14所示，点击加选选项，容差值为10。在图像中随意点取选区，选区较密为好，具体效果如图15所示。

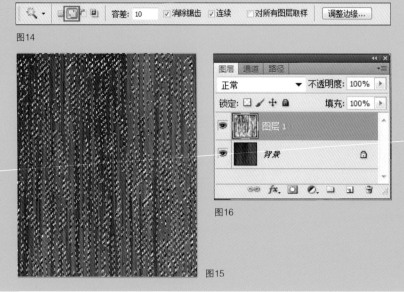

图14

图16

图15

5．单击菜单栏"图层/新建/通过拷贝的图层"命令，如图16所示，拷贝得到新图层1。

6．单击菜单栏"图层/图层样式/投影"命令，如图17所示设置混合模式为正片叠底，不透明度为75%，角度：为120度，距离为1像素，扩展为0%，大小：1像素，杂色为0%，点取图层挖空投影，点击"确定"按钮。

7．单击"图层/拼合图像"命令，合并背景图层和图层1，如图18所示。

图18

图17

8．单击工具栏中矩形选框工具 ，选取画布一半的选区，点击菜单栏"滤镜/扭曲/极坐标"命令，弹出"极坐标"对话框。如图19所示点选极坐标到平面坐标，点击"确定"按钮，为图像添加纹理扭曲效果。同样的方法制作画布另一半纹理扭曲效果，如图20所示。

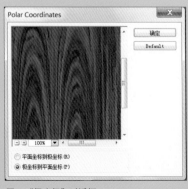

图19 "极坐标"对话框

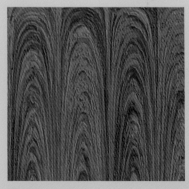

图20

9. 单击工具栏中魔术棒工具 ✎，点击加选选项，容差值为8。在图像中随意点取选区，选区较密为好，具体效果如图21所示。

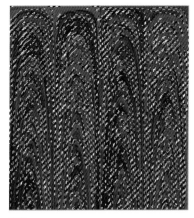

图21

10. 单击菜单栏"图层/新建/通过拷贝的图层"命令，拷贝得到新图层1，如图22所示。

图22

11. 单击菜单栏"图层/图层样式/斜面和浮雕"命令，弹出"斜面和浮雕"对话框。如图23所示设置样式为内斜面，方法为平滑，深度为100%，方向为上，大小为0像素，软化为0像素，角度为140度，使用全局光，高度为5度，高光模式为滤色，不透明度为75%，阴影模式为正片叠底，不透明度为30%，点击"确定"按钮。

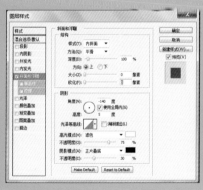

图23

12. 单击工具栏中前景色，在拾色器中选择白色（R:225，G:225，B:225），点击"确定"按钮，单击工具栏中背景色，在拾色器中选择深灰色（R:89，G:89，B:89），点市"确定"按钮，如图24所示。

图24

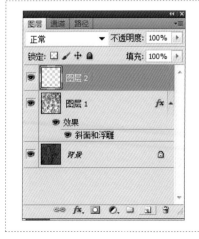

图25

13. 单击"图层/新建/图层"命令，或按下"Shift+Ctrl+N"组合键，打开"图层"对话框，图层名称设置为"图层2"，单击"确定"按钮，如图25所示。

14. 点击菜单栏"滤镜/渲染/云彩"命令，如图26所示为图像添加云彩效果。

15. 点击图层面板，图层2模式设置为"正片叠底"，如图27所示。

图26

图27 图层模式及正片叠底后的木纹效果

16. 单击"图像/调整/曲线"命令，或按下"Ctrl+M"组合键，打开"曲线"对话框，如图28所示设置其中各参数，单击"确定"按钮。

17. 单击"图层/拼合图像"命令，合并背景图层、图层1和图层2，如图29所示。

18. 木质板材的制作完毕，最终效果图如图30所示。

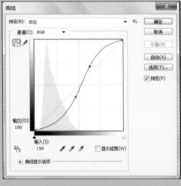

图28

图29

图30

第二章 室内效果图制作

第一节 卧室空间的处理

本节重点

操作步骤

一、整体色调调整

经验提示

二、调整局部区域

三、添加装饰品、人物

经验提示

四、添加外景、百叶窗

五、添加吊灯和植物

六、存储设置

1. JPEG

2. PSD

经验提示

第二节 商业空间的处理

本节重点

操作步骤

经验提示

一、添加外景及整体色调调整

二、添加橱窗景象及植物

三、光照处理

四、添加人物调整

经验提示

五、存储设置

第二章　室内效果图制作

第一节　卧室空间的处理

本节重点：

在制作室内效果图时，配景的添加和灯光的制作是尤为重要的。通过本例的学习，重点掌握多种选取工具的使用方法，本章主要使用了“图像/调整”菜单下的很多命令来进行色调的调整，然后为原始图添加配景，最后使用羽化命令、图层不透明度的更改等对图像进行光照处理。

通过本章节的学习,重点掌握多种选取工具的使用方法。本章节主要使用了“图像/调整”菜单下的很多命令来进行色调的调整，然后为原始图添加配景，最后使用羽化命令、图层不透明度的更改等对图像进行光照处理。

一、整体色调调整

1. 启动PhotoshopCS，单击“文件/打开”命令，或按下“Ctrl+O”组合键，打开文件。

经验提示

在使用“打开”对话框文件时，按住键盘上的“Ctrl”键可以打开多个不连续的文件，按住键盘上的“Shift键”，可以打开多个连续的文件。

2. 单击“图像/调整/曲线”命令，或按下“Ctrl+M”组合键，打开“曲线”对话框，设置其中各参数如图31所示，单击“确定”按钮。

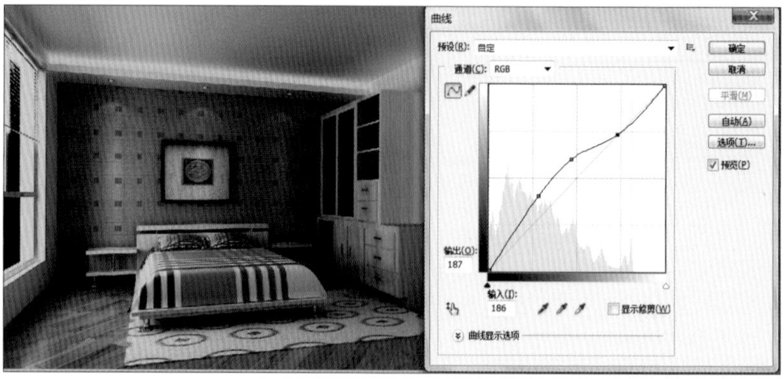

图31

由于卧室的天花板和墙壁渲染出来的效果较黑，需要进行局部提亮，因此进行以下步骤的调整。

操作步骤

本实例首先调整全局的色调，再调整局部的色调，然后添加植物、装饰物和人物等配景，最后应用羽化、图层不透明度的更改、“色相/饱和度”来调整光照和色调效果。

3. 点击工具栏中"多边形套索工具" ，使用加选选项 ，在图像中创建如图32所示的选区，将天花板选中。

4. 单击"图像/调整/渐变映射"命令，打开"渐变映射"对话框。在对话框中单击颜色框，打开"渐变编辑器"，在其中设置渐变颜色由棕色到白色，如图33所示。

图32

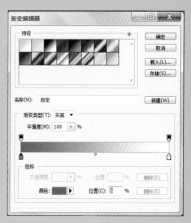

图33

5. 单击"确定"按钮，返回到"渐变映射"对话框，设置其中各参数，如图34所示。

图34

6. 单击"确定"按钮，此时图像效果如图35所示。

7. 点击工具栏中"多边形套索工具"，使用加选选项，在图像中创建如图36所示的选区，将墙壁选中。

图35 天花板修改后效果

8. 单击"图像/调整/渐变映射"命令，打开"渐变映射"对话框。在对话框中单击颜色框，打开"渐变编辑器"，在其中设置渐变颜色。

图36

9. 单击"确定"按钮，返回到"渐变映射"对话框，设置其中各参数。

10. 单击"确定"按钮，此时图像效果如图37所示。

图37 墙壁修改后效果

11. 点击工具栏中"多边形套索工具"，使用加选选项，在图像中创建如图38所示的选区，将墙壁选中。

图38

12. 单击"图像/调整/渐变映射"命令，打开"渐变映射"对话框。在对话框中单击颜色框，打开"渐变编辑器"，在其中设置渐变颜色，如图39所示。

13. 单击"确定"按钮，返回到"渐变映射"对话框，设置其中各参数。

14. 单击"确定"按钮，此时天花板和墙壁修改后效果如图40所示。

图39

图40 天花板和墙壁修改后效果

二、调整局部区域

1. 单击工具箱中的"多边形套索工具",修改组合柜和门,在图像中创建如图41所示的选区。

2. 点击"图像/调整/照片滤镜"命令,设置参数值如图42所示。

图41

图42

3. 点击"图像/调整/曲线"命令,改变曲线数值如图43所示。

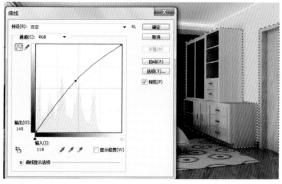

图43

图45 玻璃选区

4. 点击背景图层,使用"多边形套索工具"中加选选项,取得组合柜玻璃外框选区,如图44所示。

5. 单击"图像/调整/渐变映射"命令,打开"渐变映射"对话框。在对话框中单击颜色框,打开"渐变编辑器",在其中设置渐变颜色由蓝灰到白色,如图45所示。

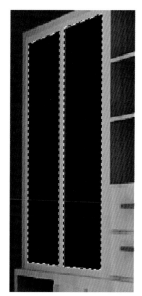

图44

图46

6. 单击工具箱中的"矩形选框工具"，在图像中创建如图46所示的选区，为组合柜玻璃做反光背景。点击"编辑/拷贝"命令，或按下"Ctrl+C"组合键，复制反光背景"。点击"编辑/粘贴"命令，或按下"Ctrl+V"组合键，创建图层1。

7. 单击"编辑/变换/扭曲"命令，按照组合柜玻璃框的外形变换反光背景图层1,按"Enter"键，如图47所示。

8. 打开"窗口/图层"命令面板，图层样式设置为叠加模式，图层不透明度设置为30%，如图48所示。

图48

图47

9. 单击工具箱中的"矩形选框工具"，在图像中创建如图49所示的选区，选取两块玻璃之间的木材部分。

图49　拾取选区

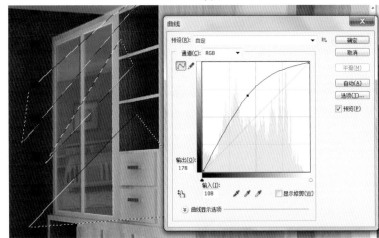

图50

10. 单击工具箱中的"多边形套索工具"，选取如图50所示的选区。单击"图像/调整/曲线"命令，或按下"Ctrl+M"组合键，打开"曲线"对话框，修改玻璃反光，单击"确定"按钮。最终效果如图51所示。

图51

11. 单击工具箱中的"多边形套索工具"，选取如图52所示的选区。单击"图像/调整/曲线"命令，打开"曲线"对话框，修改柜体储物格的色调，单击"确定"按钮。

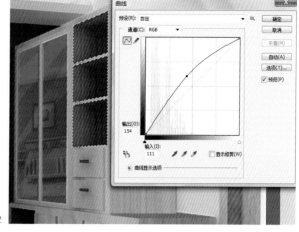

图52

12. 单击工具箱中的"多边形套索工具"， 选取如图53所示的选区。单击"图像/调整/变化"命令，打开"变化"对话框，点击中间调，添加较亮，修改床头墙面的壁纸色调，单击"确定"按钮。最终效果如图54所示。

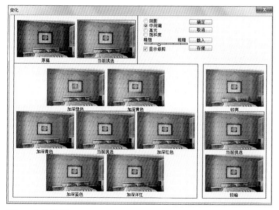

图53 变化设置

图54

图55

三、添加装饰品、人物

1. 单击"文件/打开"命令，或按下"Ctrl+O"组合键，打开图像文件"装饰品"。点击工具栏中魔术棒工具，点取"装饰品"文件白色背景部分。点击"选择/反向"命令，选取装饰品选区图像，或按下"Shift+Ctrl+I"组合键，点击"编辑/拷贝"命令，或按下"Ctrl+C"组合键，拷贝装饰品选区图像。点击"编辑/粘贴"命令，或按下"Ctrl+V"组合键，复制装饰品图层。

2. 点击工具栏中移动工具，把"装饰品"图像文件移到适宜的位置，最终效果如图55所示。

3．复制"装饰品"图层作为装饰品的阴影，单击"编辑/自由变换"命令，或按下"Ctrl+T"组合键，缩小装饰品图层副本，并放置到相应的位置，按"Enter"键，如图56所示。

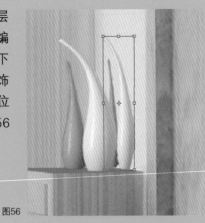

图56

4．单击"图像/调整/亮度/对比度"命令，打开"亮度/对比度"对话框。在对话框中调节亮度为–66、对比度为–50，单击"确定"按钮，如图57所示。

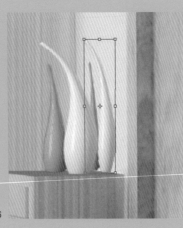

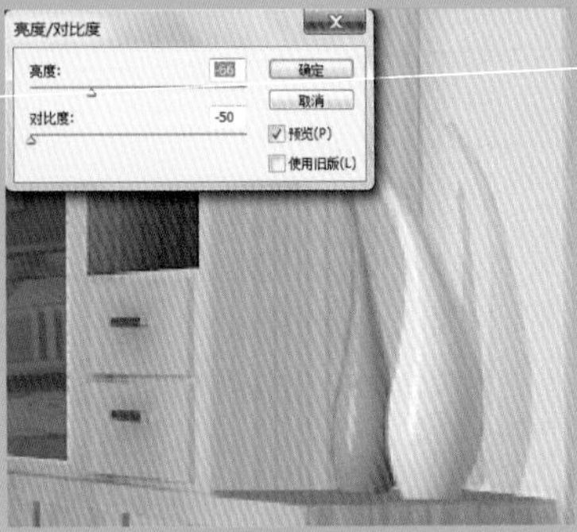

图57

5．点击图层命令面板中的背景图层，单击工具箱中的"多边形套索工具"，选取如图58所示的选区。单击"图像/调整/曲线"命令，或按下"Ctrl+M"组合键，打开"曲线"对话框，修改装饰品的阴影，单击"确定"按钮，最终效果如图59所示。

图58

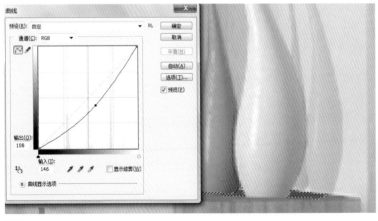

图59

6．单击"文件/打开"命令，或按下"Ctrl+O"组合键，打开图像文件"儿童"。点击工具栏中魔术棒工具 ，点取"儿童"文件白色背景部分，魔术棒的容差值参数如图60所示。

图60

7. 点击"选择/反向"命令，选取儿童选区图像，或按下"Shift+Ctrl+I"组合键，如图61所示。

图61

8. 点击"编辑/拷贝"命令，或按下"Ctrl+C"组合键，拷贝儿童图像。点击"编辑/粘贴"命令，或按下"Ctrl+V"组合键，复制儿童选区图层，如图62所示。

图62

9. 点击工具栏中移动工具 ，把"儿童"图像文件移到适宜的位置，最终效果如图63所示。

图63

图64

10. 点击"儿童"图层，单击"图层/复制图层"命令，打开"复制图层"对话框，图层名称设置为"儿童倒影"，单击"确定"按钮。

11. 单击"编辑/变换/扭曲"命令，按住"Shift"键同时等比例放大缩小"儿童倒影"图像，并上下翻转倒置图像。点击工具栏中移动工具 ，把"儿童倒影"图像文件移到适宜的位置，单击"确定"按钮，最终效果如图64所示。

12. 点击"图像/调整/色阶"命令，或按下"Ctrl+L"组合键，调整"儿童倒影"的色调，单击"确定"按钮，设置参数值如图65所示。

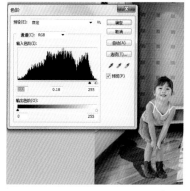

图65

13. 设置"儿童倒影"图层不透明度为32%，如图66所示。

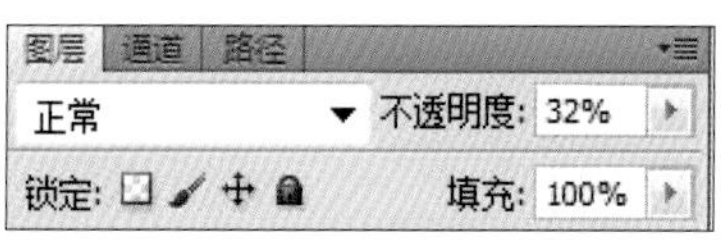

图66

14. 单击"文件/打开"命令，或按下"Ctrl+O"组合键，打开图像文件"灯具和相框"。

15. 单击工具箱中的"多边形套索工具"，选取灯具和相框部分的图像，如图67所示的选区。

16. 点击"选择/反向"命令，选取装饰品选区图像，或按下"Shift+Ctrl+I"组合键，点击"编辑/拷贝"命令，或按下"Ctrl+C"组合键，拷贝装饰品选区图像。

图67

图68

17. 点击"编辑/粘贴"命令，或按下"Ctrl+V"组合键，复制装饰品图层。点击"编辑/自由变换"命令，或按下"Ctrl+T"组合键，按住"Shift"键同时等比例放大缩小"灯具和相框"图像，点击工具栏中移动工具 ，把"灯具和相框"图像文件移到适宜的位置，按"Enter"键，最终效果如图68所示。

18. 点击工具栏中魔术棒工具，点取"灯具和相框"图像中亮白灯罩的部分。点击"图像/调整/色阶"命令，或按下"Ctrl+L"组合键，调整灯罩的色调，单击"确定"按钮。设置参数值如图69所示。

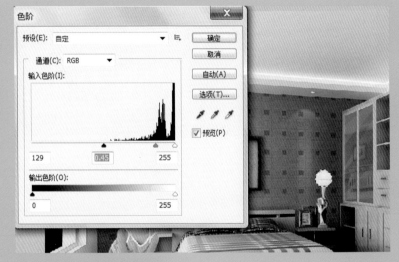
图69

19. 单击"图像/调整/变化"命令，打开"变化"对话框，点击高光，精细程度拖到中等，添加较暗，修灯罩色调，最终效果如图70所示。

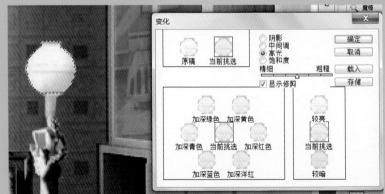
图70

20. 点击"灯具和相框"图层，单击"图层/复制图层"命令，打开"复制图层"对话框，图层名称设置为"灯具和相框倒影"，单击"确定"按钮。

21. 单击"编辑/自由变换"命令，或按下"Ctrl+T"组合键，按住"Shift"键同时等比例放大缩小"灯具和相框倒影"图像，按"Enter"键。点击工具栏中移动工具，把"灯具和相框倒影"图像文件移到适宜的位置。

经验提示

在使用"图层"命令面板时，应该注意图层的排列顺序，人物、装饰品和植物各图层的前后顺序。

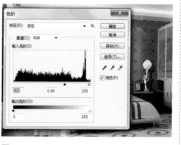

22. 点击"图像/调整/色阶"命令，或按下"Ctrl+L"组合键，调整"灯具和相框倒影"的色调，单击"确定"按钮，设置参数值如图71所示。

图71

23. 点击"灯具和相框"图层，单击"图层/复制图层"命令，打开"复制图层"对话框，图层名称设置为"灯具和相框副本"，单击"确定"按钮。点击工具栏中移动工具，把"灯具和相框副本"图像文件移到对面床头柜的适宜位置。

24. 单击工具箱中的"矩形选框工具"，在图像中创建如图72所示的选区，点击"Delete"键，删除灯罩部分的画面。

25. 单击"图像/调整/曲线"命令，或按下"Ctrl+M"组合键，打开"曲线"对话框，调整相框的色调，参数如图73所示，单击"确定"按钮。

图72

图73

四、添加外景、百叶窗

图74

1. 单击"文件/打开"命令，或按下"Ctrl+O"组合键，打开图像文件"外景"。单击工具箱中的"矩形选框工具"，在图像中创建如图74所示的选区。

2. 点击"编辑/拷贝"命令，或按下"Ctrl+C"组合键，拷贝"外景"选区图像。点击"编辑/粘贴"命令，或按下"Ctrl+V"组合键，复制"外景"图层。

3. 点击工具栏中移动工具 ，把"外景"图像文件移到适宜的位置，单击"编辑/变换/扭曲"命令，按照窗户玻璃框的外形变换"外景"图像,按"Enter"键，最终效果如图75所示。

4. 点击工具栏中"多边形套索工具" ，使用加选选项 ，在背景图层中选取窗框和百叶窗底杆的部分作为选区，点击"外景"图层，同时点击"Delete"键，删除 "外景"中窗框和百叶窗底杆部分的图像。

图75

5. 单击"图层/新建/图层"命令，或按下"Shift+Ctrl+N"组合键，创建新图层"百叶窗"。

6. 单击工具箱中的"矩形选框工具",在图像中创建一个矩形选区。点击工具栏中油漆桶 ，把前景色设置为白色，填充选区。

7. 单击工具箱中的"矩形选框工具"，在白色矩形图面中拉建一个细长矩形选区，按照如图76所示的方法，同时点击"Delete"键，删除多余部分，绘制百叶窗帘页。

图76

8. 单击"图像/调整/曲线"命令，或按下"Ctrl+M"组合键，打开"曲线"对话框，调整"外景"图像的色调，单击"确定"按钮，最终效果如图77所示。

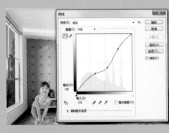

图77

9. 单击"编辑/变换/扭曲"命令，按照百叶窗框的外形变换"百叶窗"图像,按"Enter"键，最终效果如图78所示。

图78

10．单击"图层/新建/图层"命令，或按下"Shift+Ctrl+N"组合键，创建新图层"窗户玻璃"。

11．点击工具栏中"多边形套索工具"，使用加选选项，在"窗户玻璃"图层中按照窗框的部分作为选区，如图79所示。

图79

12．点击工具栏中油漆桶，把前景色设置为灰蓝色，填充选区，如图80所示。

图80

13．打开"窗口/图层"命令面板，"窗户玻璃"图层样式设置为正常模式，图层不透明度设置为30%，如图81所示。

图81

五、添加吊灯和植物

1．单击"文件/打开"命令，或按下"Ctrl+O"组合键，打开图像文件"吊灯"。

2．单击工具箱中的"多边形套索工具"，使用加选选项，选取吊灯部分的图像，如图82所示的选区。

图82

3．点击"选择/反向"命令，选取装饰品选区图像，或按下"Shift+Ctrl+I"组合键，点击"编辑/拷贝"命令，或按下"Ctrl+C"组合键，拷贝吊灯选区图像。

4．点击"编辑/粘贴"命令，或按下"Ctrl+V"组合键，复制"吊灯"图层。击"编辑/自由变换"命令，或按下"Ctrl+T"组合键，按住"Shift"键同时等比例放大缩小"吊灯"图像，点击工具栏中移动工具，把"吊灯"图像文件移到适宜的位置。

5．单击"图层/新建/图层"命令，或按下"Shift+Ctrl+N"组合键，创建新图层"光照效果"。

6．单击工具箱中的"画笔"，画笔的具体参数设置如图83所示。把前景色设置为稍微偏黄的奶白色，在吊灯照射范围内点击画笔。

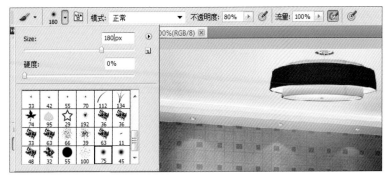

图83

7．单击"文件/打开"命令，或按下"Ctrl+O"组合键，打开图像文件"盆栽"。点击工具栏中魔术棒工具 ✎ ，点取"盆栽"文件白色背景部分。点击"选择/反向"命令，选取盆栽选区图像，或按下"Shift+Ctrl+I"组合键，点击"编辑/拷贝"命令，或按下"Ctrl+C"组合键，拷贝盆栽选区图像。点击"编辑/粘贴"命令，或按下"Ctrl+V"组合键，复制盆栽图层。

8．单击"图像/调整/曲线"命令，或按下"Ctrl+M"组合键，打开"曲线"对话框，调整"盆栽"图像的色调，单击"确定"按钮。

9．点击工具栏中移动工具 ▸⊕ ，把"盆栽"图像文件移到适宜的位置。

10．点击"盆栽"图层，单击"图层/复制图层"命令，打开"复制图层"对话框，图层名称设置为"盆栽倒影"，单击"确定"按钮。

11．单击"编辑/自由变换"命令，或按下"Ctrl+T"组合键，按住"Shift"键同时等比例放大缩小"盆栽倒影"图像。点击工具栏中移动工具 ▸⊕ ，把"盆栽倒影"图像文件移到适宜的位置。

12．点击"图像/调整/色阶"命令，或按下"Ctrl+L"组合键，调整"盆栽倒影"的色调，单击"确定"按钮，设置参数值如图84所示。

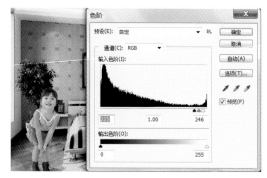

图84

13．打开"窗口/图层"命令面板，"盆栽倒影"图层样式设置为正常模式，图层不透明度设置为30%，如图85所示。

图85

14．单击"文件/打开"命令，或按下"Ctrl+O"组合键，打开图像文件"绿植"。点击工具栏中魔术棒工具 ✎ ，点取"绿植"文件白色背景部分。点击"选择/反向"命令，选取绿植选区图像，或按下"Shift+Ctrl+I"组合键，点击"编辑/拷贝"命令，或按下"Ctrl+C"组合键，拷贝绿植选区图像。点击"编辑/粘贴"命令，或按下"Ctrl+V"组合键，复制绿植图层。

15．单击"图像/调整/曲线"命令，或按下"Ctrl+M"组合键，打开"曲线"对话框，调整"绿植"图像的色调，单击"确定"按钮。点击工具栏中移动工具 ▸⊕ ，把"绿植"图像文件移到适宜的位置。

六、存储设置

客厅效果图已经完成，确认调整完毕后我们可以存储一下文件。单击"文件/存储为"命令，或按下"Shift+Ctrl+S"键，打开"存储为"对话框，设置参数如图86所示，单击"保存"按钮。

图86

存储的格式有很多，通常我们会按照要求采用其中的一种格式，这里简单地介绍一下常用的两种格式即：JPEG、PSD格式。

1. JPEG

是一种较常用的有损压缩方案，常用来压缩存储批量图片（压缩比达20倍）。我们在相应程序中以"JPEG"存储时，会进一步询问使用哪档图像品质来压缩，而在图形程序中打开时会自动解压。JPEG全部名称为：Joint photographic exptrs group，为使用方便，通常简称为"JPG"。尽管它是一种主流格式，在需要输出高质量图像时不使用JPG而应选EPS格式或TIF格式，特别是在以JPG格式进行图形编辑时，不要经常进行保存操作。

2. PSD

是PhotoShop本身的格式，由于内部格式带有软件的特定信息，如图层与通道等，其他一些图形软件一般不可以打开它。虽然占用字节量大，但在PhotoShop中存储速度很快。如要使一幅"PSD"格式的图像用在其它程序中，就需要转换图像格式。

经验提示

通常我们在作图过程中要随时注意存储一下文件。存储的文件格式最好为"PSD"格式。

本案例客厅最终效果图如图87所示。

图87

第二节　商业空间的处理

商业空间是人们进行文化娱乐以及商业活动的主要集中场所，从侧面反映了一个国家、一个城市的物质文化和经济状况。今天，商业空间的发展模式和功能目前正不断向多元化、多层次方向发展。大众对于商业空间文化内涵氛围的营造要求更加丰富，不再局限单一的服务和展示商业文化，而是体现出休闲性、文化性、人性化和娱乐性的综合发展趋势。本节我们以一个半开放性购物广场为实例，让大家进一步地掌握运用Photoshop对大空间效果图进行后期处理的技巧。

本案例是一个半开放性的购物广场。购物广场最初效果图空间较大，但内容较少，因此，需要添加大量的植物、人物、外景等素材来丰富空间环境，营造商业气氛。本实例最初效果图如图88所示。

操作步骤

本实例首先调整全局的色调，然后添加外景、植物、灯光等配景，应用图层不透明度的更改、画笔工具、曲线来调整光照和色调效果，最后添加多组人物丰富画面环境。

图88

经验提示

颜色通道是效果图后期不可却少的，有了它就可以很方便地在PS里用魔术棒点取同一种材质的物体进行后期处理。制作方法有两个。

1. VR自带的VRayWireColor(线框颜色)。

2. 3DSMAX的一个颜色通道脚本文件。

一、添加外景及整体色调调整

1. 启动PhotoshopCS，单击"文件/打开"命令，或按下"Ctrl+O"组合键，打开文件"购物中心"，如图89所示。

图89

2. 点击背景图层"购物中心"，单击"图层/复制图层"命令，打开"复制图层"对话框，复制背景图层并设置文件名为图层1，单击"确定"按钮。

4. 点击工具栏中移动工具 ，如图90所示。把"购物中心通道图"图像文件移到"购物中心"，"购物中心通道图"图像位置与"购物中心"图像要完全重合。

3. 单击"文件/打开"命令，或按下"Ctrl+O"组合键，打开文件"购物中心通道图"。

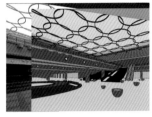

图90

5. 打开"窗口/图层"命令，或按"F7"。点击图层2"购物中心通道图"。

图92

图91 魔术棒工具参数设置栏

6. 点击工具栏中魔术棒工具 ，使用加选选项 ，容差值为10，如图91所示。逐一选取圆环形紫色顶棚之间需要贴外景图像的天空部分，如图92所示。

7. 保留选取，点击图层1"购物中心，按"Delete"键删除购物中心效果图中顶棚白色天空部分。

8. 点击工具栏中移动工具 ，如图93所示。把"天空贴图1"图像文件移到"购物中心"文件中，图像位置拖到顶棚天空的位置。

图93 天空贴图1

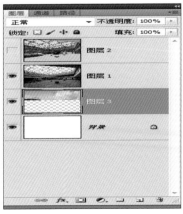

图94

9. 打开"窗口/图层"命令，或按"F7"。点击图层3"天空贴图1"，排列各图层顺序如图94所示，把图层3的图层拖拉到图层1"购物中心"的下方，呈现效果如图95所示。

图95

图96

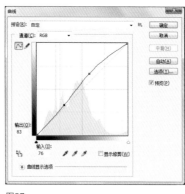

图97

10. 打开"窗口/图层"命令，点击图层1，如图96所示。

11. 单击"图像/调整/曲线"命令，或按下"Ctrl+M"组合键，打开"曲线"对话框，设置其中参数如图97所示，单击"确定"按钮。

12. 点击工具栏中移动工具 ，把"天空贴图2"图像文件移到"购物中心"文件中，图像位置拖到顶棚天空的位置。

图98

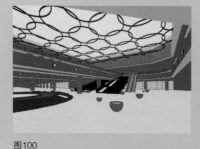

图99

13. 点击图层4"天空贴图2"，排列各图层顺序如图98所示，把图层4的图层拖拉到图层1购物中心的下方、图层3上方，图层模式为柔光，呈现效果如图99所示。

二、添加橱窗景象及植物

1. 点击图层2"购物中心通道图"。点击工具栏中魔术棒工具 ，使用加选选项 ，容差值为10。如图100所示，逐一选取绿色橱窗部分的选区。

图100

2. 保留选区，点击图层1"购物中心"，如图101所示。单击"图像/调整/曲线"命令，或按下"Ctrl+M"组合键，打开"曲线"对话框，设置其中参数，单击"确定"按钮。

图101

3. 在图层1"购物中心"中，单击"编辑/拷贝"命令，或按"Ctrl+C"键，拷贝橱窗选区；单击"编辑/粘贴"命令，或按"Ctrl+V"键，粘贴橱窗图像，系统自动创建新图层5。图层排序如图102所示。

图102

4. 单击"图像/调整/曲线"命令，或按下"Ctrl+M"组合键，打开"曲线"对话框，设置其中参数如图103所示，单击"确定"按钮。橱窗调整效果如图104所示。

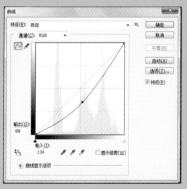

图103

图104

5. 单击"文件/打开"命令，或按下"Ctrl+O"组合键，打开文件"吊兰1"。点击工具栏中移动工具，把"吊兰1"图像文件移到"购物中心"文件中，图像位置拖到图像左侧半圆形吊兰台的位置，如图105所示。

图105

6. 单击"图层/新建/组"命令，打开"新建组"对话框，如图106所示。设置新建组参数，名称为吊兰组，颜色为无，模式为穿透，不透明度为100%，单击"确定"按钮。把图层"吊兰1"和"吊兰2"全部拖到吊兰组夹里，如图107所示。

图106

图107

7. 单击"文件/打开"命令，或按下"Ctrl+O"组合键，打开文件"吊兰2"。点击工具栏中移动工具，把"吊兰2"图像文件移到"购物中心"文件中，图像位置拖到图像右侧半圆形吊兰台的位置，呈现效果如图108所示。

图108

8. 单击"图层/新建/组"命令，打开"新建组"对话框，如图109所示。设置新建组参数，名称为树木，颜色为无，模式为穿透，不透明度为100%，单击"确定"按钮。

图109

9. 单击"文件/打开"命令，或按下"Ctrl+O"组合键，打开文件"树木1"和"树木2"。 点击工具栏中移动工具 ，分别把"树木1" 和"树木2"图像文件移到"购物中心"文件中，图像位置拖到图像左侧水池中央花池的位置，呈现效果如图110所示。

图110

10. 单击"文件/打开"命令，或按下"Ctrl+O"组合键，打开文件"橱窗1" "橱窗2"和"橱窗3"。 点击工具栏中移动工具 ，分别把"橱窗1" "橱窗2"和"橱窗3"图像文件移到"购物中心"文件中，图像位置拖到图像橱窗的位置，呈现效果如图111所示（图层排列顺序由上向下分别为图层8、图层7、图层6 ）。

图111

11. 单击"文件/打开"命令，或按下"Ctrl+O"组合键，打开文件"花坛"。 点击工具栏中移动工具 ，把"花坛"图像文件移到"购物中心"文件中，图像位置拖到大厅内花池和花盆的位置，呈现效果如图112所示。

图112

12. 单击"文件/打开"命令，或按下"Ctrl+O"组合键，打开文件"水池"。 点击工具栏中移动工具 ，把"水池"图像文件移到"购物中心"文件中，图像位置拖到图像左下侧水池的位置，呈现效果如图113所示。

图113

13. 点击图层2"购物中心通道图"。点击工具栏中魔术棒工具，使用加选选项，容差值为10。如图114所示，逐一选取紫色水池部分的选区。

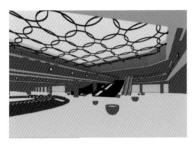

图114

14. 如图115所示，保留选取，点击图层9"水池"，单击"选择/反向"命令，或按下"Shift+Ctrl+I"组合键，按"Delete"键删除水池外多余的图像。单击"图像/调整/曲线"命令，或按下"Ctrl+M"组合键，打开"曲线"对话框，设置其中参数，单击"确定"按钮。

图115

15. 单击"文件/打开"命令，或按下"Ctrl+O"组合键，打开文件"盆栽"。点击工具栏中移动工具，把"盆栽"图像文件移到"购物中心"文件中，图像位置拖到大厅花盆的位置，呈现效果如图116所示。

图116

16. 单击"文件/打开"命令，或按下"Ctrl+O"组合键，打开文件"草坪"。点击工具栏中移动工具，把"草坪"图像文件移到"购物中心"文件中，图层排列顺序如图117所示。图像位置拖到水池中央花池的位置，呈现效果如图118所示。

图117

图118

17. 单击"文件/打开"命令，或按下"Ctrl+O"组合键，打开文件"竹林"。点击工具栏中移动工具，把"竹林"图像文件移到"购物中心"文件中，图层排列顺序如图119所示。图像位置拖到画面左侧水池中央花池的位置，呈现效果如图120所示。

图119

图120

18. 单击"文件/打开"命令，或按下"Ctrl+O"组合键，分别打开文件"盆栽2""盆栽3"和"盆栽4"。点击工具栏中移动工具 ▶⊕，分别把"盆栽2""盆栽3"和"盆栽4"图像文件移到"购物中心"文件中，图像位置拖到大厅花盆的位置，呈现效果如图121所示（图层排列顺序由上向下分别为盆栽4、盆栽3、盆栽2）。

图121

19. 单击"图层/新建/组"命令，打开"新建组"对话框。设置新建组参数，名称为盆栽，颜色为"无"，模式为"穿透"，不透明度为100%，单击"确定"按钮。把图层"盆栽""盆栽2""盆栽3"和"盆栽4"全部拖到盆栽组夹里。

20. 点击"盆栽2"图层，单击"图层/复制图层"命令，打开"复制图层"对话框，图层名称设置为"盆栽2副本"，单击"确定"按钮。

图122

21. 点击工具栏中移动工具 ▶⊕，把"盆栽2副本"图像文件移到适宜的位置。单击"编辑/自由变换"命令，或按下"Ctrl+T"组合键，按住"Shift"键同时等比例放大缩小"盆栽2副本"图像，并上下翻转倒置图像，按"Enter"键。最终效果如图122所示。

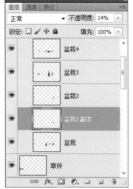

图123

22. 设置"盆栽2副本"图层的不透明度参数为14%，如图123所示。完成"盆栽2"倒影的制作效果如图124所示。

23. 按照以上方式，分别复制"盆栽2副本2""盆栽2副本3""盆栽2副本4""盆栽2副本5"、"盆栽2副本6"和"盆栽2副本7"，制作盆栽倒影效果。

图124

24．点击工具栏中移动工具 ，分别把"盆栽2副本2""盆栽2副本3""盆栽2副本4""盆栽2副本5""盆栽2副本6"和"盆栽2副本7"图像文件移到适宜的位置。分别单击"编辑/自由变换"命令，或按下"Ctrl+T"组合键，按住"Shift"键同时等比例放大缩小"盆栽2副本2""盆栽2副本3""盆栽2副本4""盆栽2副本5""盆栽2副本6"和"盆栽2副本7"图像，并上下翻转倒置图像，按"Enter"键。每一个盆栽倒影都要按照以上步骤分别制作，盆栽倒影图层排列顺序如图125所示。

25．"盆栽2副本2""盆栽2副本3""盆栽2副本4""盆栽2副本5""盆栽2副本6"和"盆栽2副本7"图层不透明度的设置则根据盆栽的远近调整参数，近处的盆栽其倒影图层的不透明度就高，远处的盆栽其倒影图层的不透明度就低。参数值一般在25%—14%之间，调整效果如图126所示。

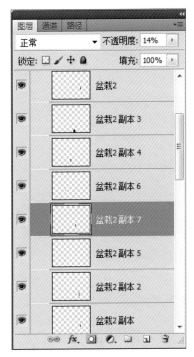
图125

图126

26．点击"树木1"图层，单击"图层/复制图层"命令，打开"复制图层"对话框，复制图层名称设置为"树木1副本"，单击"确定"按钮。

27．点击工具栏中移动工具 ，把"树木1副本"图像文件移到适宜的位置。单击"编辑/自由变换"命令，或按下"Ctrl+T"组合键，按住"Shift"键同时等比例放大缩小"树木1副本"图像，并上下翻转倒置图像，按"Enter"键，效果如图127所示。

28．点击"树木1副本"图层，使用多边形套索工具沿台阶外延把"树木1副本"树根部设定为选区，如图128所示。按"Delete"键删除多余的图像。

29．设置"树木1副本"图层的不透明度参数为28%，如图129所示。

图127

图128

图129

93

三、光照处理

1．单击"图层/新建/图层"命令，打开"新建图层"对话框，如图130所示。设置新建图层参数，名称为灯光，颜色为"无"，模式为"正常"，不透明度为100%，单击"确定"按钮。"

2．点击工具栏中画笔工具 ✐，设置画笔为星爆，大小为168，模式为柔光，不透明度为100%，流量为100%，如图131所示。

图130

图131

3．单击"窗口/画笔"命令，或按下"F5"键，打开"画笔"对话框，选取画笔形状，大小设为180像素，设置参数如图132所示。

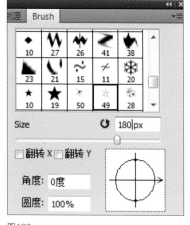

图132

4．设置工具栏中前景颜色为暖橘色（R：250，G：197，B：158），背景色为纯白色（R：255，G：255，B：255），如图133所示。

5．用设置好的画笔在壁灯发光点位置重复点击。图像效果如图134所示。

图133　　　图134

6．点击工具栏中画笔工具 ✐，设置画笔为"Airbrush Dual Brush Soft Round"，大小为42，模式为正常，不透明度为100%，流量为100%，如图135所示。

图135

7．用设置好的画笔在壁灯发光点位置点击。图像效果如图136所示。

图136

8. 设置工具栏中前景颜色为纯白色（R：255，G：255，B：255），背景色为暖橘色（R：250，G：197，B：158），如图137所示。

9. 还是用刚才设置好的画笔在壁灯发光点位置重复点击。在"灯光"图层上，一个完整的灯光制作完毕，图像效果如图138所示。

图137   图138

10. 点击"灯光"图层，分别复制"灯光副本""灯光副本2""灯光副本3""灯光副本4""灯光副本5""灯光副本6"和"灯光副本7"，制作大厅内壁灯效果。

11. 点击工具栏中移动工具，分别把"灯光副本""灯光副本2""灯光副本3""灯光副本4""灯光副本5""灯光副本6"和"灯光副本7"图像文件移到适宜的位置，如图139所示。

图139

12. 分别单击"编辑/自由变换"命令，或按下"Ctrl+T"组合键，按住"Shift"键同时等比例放大缩小"灯光副本""灯光副本2""灯光副本3""灯光副本4""灯光副本5""灯光副本6"和"灯光副本7"图像，按"Enter"键，如图140所示，每一个灯光效果都要按照以上步骤分别制作。

图140

13. 单击"图层/新建/组"命令，打开"新建组"对话框，如图141所示。设置新建组参数，名称为盆栽，颜色为无，模式为穿透，不透明度为100%，单击"确定"按钮。

图141

14．把"灯光""灯光副本""灯光副本2""灯光副本3""灯光副本4""灯光副本5""灯光副本6"和"灯光副本7"图层全部拖到灯组夹里。灯光图层排列顺序如图142所示。

15．逐一调整"灯光副本""灯光副本2""灯光副本3""灯光副本4""灯光副本5""灯光副本6"和"灯光副本7"图层不透明度。具体设置则根据壁灯的远近、大小调整参数，近处的图层不透明度就高，远处的图层不透明度就低，壁灯稍大的图层不透明度就高点，壁灯稍小的图层不透明度就低点，如图143所示，参数值一般在95%—80%之间。最后调整效果如图144所示。

图142

图143

图144

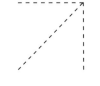

四、添加人物调整

1．单击"文件/打开"命令，或按下"Ctrl+O"组合键，打开图像文件"人物1"。

2．点击工具栏中移动工具，把"人物1"图像文件移到适宜的位置。

3．单击"编辑/自由变换"命令，或按下"Ctrl+T"组合键，按住"Shift"键同时等比例放大缩小"人物1"图像，按"Enter"键。

4．点击"人物1"图层，单击"图层/复制图层"命令，打开"复制图层"对话框，如图145所示，设置复制图层名称为"人物1倒影"，单击"确定"按钮。

图145

5. 点击工具栏中移动工具 ，把"人物1倒影"图像文件移到适宜的位置。单击"编辑/变换/斜切"命令，放大缩小"人物1倒影"图像，按"Enter"键，效果如图146所示。

6. 调整"人物1倒影"图层的不透明度为31%，如图147所示。

图146

图147

7. 依照"人物1"和"人物1倒影"的制作步骤，逐一的单击"文件/打开"命令，或按下"Ctrl+O"组合键，打开图像文件"人物2""人物3""人物4""人物5""人物6""人物7""人物8""人物9""人物10"和"人物11"。

8. 点击工具栏中移动工具 ，分别把"人物2""人物3""人物4""人物5""人物6""人物7""人物8""人物9"、"人物10"和"人物11"图像文件放置到画面中适宜的位置。

9. 分别单击"编辑/自由变换"命令，或按下"Ctrl+T"组合键，按住"Shift"键同时等比例放大缩小"人物2""人物3""人物4""人物5""人物6""人物7""人物8""人物9""人物10"和"人物11"图像，按"Enter"键，调整效果如图148和图149所示。

图148

图149

图150

10. 逐一点击"人物2""人物3""人物4""人物5""人物6""人物7""人物8""人物9""人物10"和"人物11"图层，单击"图层/复制图层"命令，打开"复制图层"对话框，分别设置复制图层名称为"人物2倒影""人物3倒影""人物4倒影""人物5倒影""人物6倒影""人物7倒影""人物8倒影""人物9倒影""人物10倒影"和"人物11倒影"，单击"确定"按钮，如图150所示。

11. 分别点击"人物2倒影""人物3倒影""人物4倒影""人物5倒影""人物6倒影""人物7倒影""人物8倒影""人物9倒影""人物10倒影"和"人物11倒影"图层，设置图层不透明度，具体参数值一般在35%—25%之间。

经验提示

　　人物倒影图层不透明度的具体设置是根据人物的远近、大小调整参数，近处的图层不透明度就高，远处的图层不透明度就低，人物稍大的图层不透明度就高点，人物稍小的图层不透明度就低点。参数值一般在35%—25%之间。如果人物太小或者距离视线太远，人物倒影也可不予考虑。

12. 分别单击"编辑/自由变换"命令，或按下"Ctrl+T"组合键，按住"Shift"键同时等比例放大缩小"人物2倒影""人物3倒影""人物4倒影""人物5倒影""人物6倒影""人物7倒影""人物8倒影""人物9倒影""人物10倒影"和"人物11倒影"图像，按"Enter"键，调整效果如图151、图152所示。

图151　　　　　　　　　　图152

五、存储设置

　　效果图已经完成，确认调整完毕后我们可以存储一下文件。单击"文件/存储为"命令，或按下"Shift+Ctrl+S"键，打开"存储为"对话框，设置参数，单击"保存"按钮。

本案例最终效果图如图153所示。

图153

第三章　建筑外观效果图实例分析

第一节　日景效果的建筑外观效果图的制作

本节重点

操作步骤

一、展览馆效果图制作

二、添加外景及整体色调调整

经验提示

三、存储设置

第二节　城市夜景照明规划的设计制作

本节重点

操作步骤

一、添加外景及整体色调调整

经验提示

二、存储设置

第三章　建筑外观效果图的表现实例分析

第一节　日景建筑外观效果图的制作

日景建筑被誉为城市凝固的音乐。现代城市的建筑外观亮化不是简单的泛光和照亮，而是建筑本身的结构、风格在灯光下的再构思和美感的再体现。也是塑造一个城市整体形象不可缺少的重要元素之一。对于日景效果的建筑外观，我们不仅仅要考虑光影对建筑外观各个建筑细部的影响，还要调节整个建筑整体的效果，这是制作日景建筑外观效果图不可缺少的一个重要部分。

一、展览馆效果图制作

展览馆一般由陈列部分、观众服务部分、管理部分和展品贮存加工部分组成。展览馆的人流集散量大，选址和总平面布置的要求是：展览馆址宜选在城市内或城市近郊交通便利的地区。大型展览馆应有足够的群众活动广场和停车面积，并应有室外陈列场地。室外场地要考虑环境的绿化和美化。各功能分区之间联系方便又互不干扰。建筑层数一般不宜过高。注意各陈列馆之间的相互关系，根据不同性质和具体情况组成有机的建筑组群。

本案例是一个非常独特的展览空间，其独特的外部形态体现建筑的个性以及别具一格的特点，但是外部的环境却显得单一朴素了许多。因此，需要添加人物、配景等素材来丰富外部环境，本实例最初效果图如图154。

操作步骤

本实例首先调整全局的色调，然后添加外景、植物、灯光等配景，应用图层不透明度的更改、画笔工具、曲线来调整光照和色调效果，最后添加多组人物丰富画面环境。

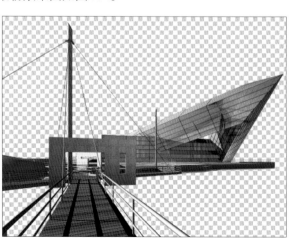

图154

二、添加外景及整体色调调整

1．使用同样的方法：启动PhotoshopCS，单击"文件/打开"命令，或按下"Ctrl+O"组合键，打开文件"展览馆"。

2．点击背景图层"展览馆"，单击"图层/复制图层"命令，打开"复制图层"对话框，复制背景图层并设置文件名为"图层1"，单击"确定"按钮。

3．单击"文件/打开"命令，或按下"Ctrl+O"组合键，打开文件"展览馆色彩通道图"。

4．点击工具栏中移动工具 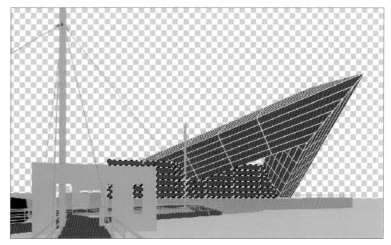，如图155所示。把"展览馆通道图"图像文件移到"展览馆"，"展览馆色彩通道图"图像位置与"展览馆"图像要完全重合。

图155

5．点击"文件/打开"命令，或按下"Ctrl+O"组合键，打开文件"天空贴图"，点击工具栏中移动工具 ，把"天空贴图"图像文件移到"展览馆"文件中。

6．打开"窗口/图层"命令，或按"F7"。点击"天空贴图"，排列各图层顺序，把天空贴图的图层拖拉到展览馆图层的下方，呈现效果如图156所示。

图156

7．点击"文件/打开"命令，或按下"Ctrl+O"组合键，打开文件"水面"，如图157所示。

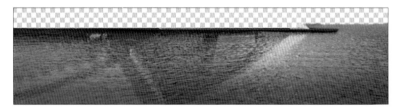

图157　打开水面效果

8．点击工具栏中移动工具，如图158所示。把"水面贴图"图像文件移到"展览馆"文件中。

图158

9．打开"窗口/图层"命令，或按"F7"。点击水面图层，排列各图层顺序如图159所示。把水面图层下拉到展览馆图层和天空图层之间，呈现效果如图160所示。

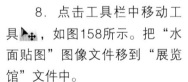

图159

图160

10．点击天空图层前面的 👁 将天空显示，如图161所示。

经验提示

　　此时当完成一个步骤的同时可以点击图层前面的 👁 符号，当此符号显示时说明此图层显示，当此符号消失时说明此图层隐藏。

图161

11. 点击"文件/打开"命令，或按下"Ctrl+O"组合键，打开文件"植被"，如图162所示。

图162

12. 点击工具栏中移动工具 ▸⊕，如图163所示。把"水面贴图"图像文件移到"展览馆"文件中。

图163

13. "文件/打开"命令，或按下"Ctrl+O"组合键，打开文件"植被"，如图164所示。将"植被"移动到适当位置，如图165所示。

图164

图165

14. 点击天空图层和水面图层前面的 ◉ 将天空显示，如图166所示。

15. 开"图层/新建"命令，或按"F7"。新建一个图层，命名为"灯光"如图167所示，单击"确定"即可。

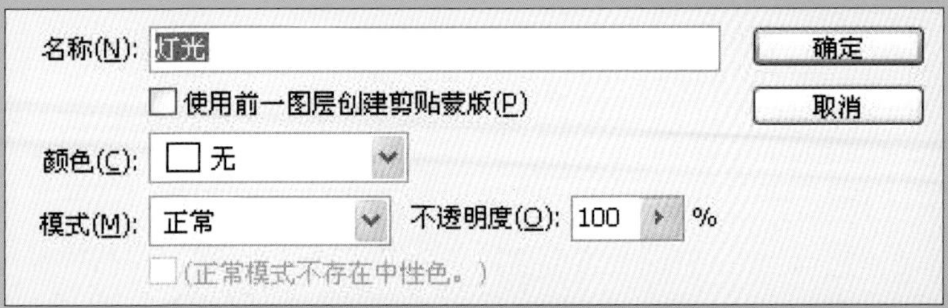

图166

名称(N): 灯光　　　　　　　　　　　　　　确定

☐ 使用前一图层创建剪贴蒙版(P)　　　　取消

颜色(C): ☐ 无　　　▾

模式(M): 正常　　　▾　　不透明度(O): 100 ▸ %

☐（正常模式不存在中性色。）

图167

16. 单击工具栏中的  对灯光进行编辑。点击 画笔 出现对话框，修改画笔将画笔硬度不变半径设置为89px。点击工具栏 出现对话框，根据效果图的色调属于偏黄昏，所以将前景色设置为 ，单击鼠标左键不放，按住"Shift"进行灯光的编辑，如图168所示。

图168

17. 将光图层上方的不透明度的数值改为59%即可，如图169所示。

图169

18. 点击"文件/打开"命令，或按下"Ctrl+O"组合键，打开文件"隔墙"，如图170所示。

图170

19. 点击工具栏中的 对隔墙进行选取，如图171所示。单击图层工具栏选中隔墙所在的图层，如图172所示。

图172

图171

20. 单击"Ctrl+U"对隔墙色相和饱和度进行编辑，如图173所示，点击"确定"即可。

21. 单击工具栏中的 ，通过通道图层对玻璃进行选取，单击"窗口/图层"并选中通道图层，当其变成蓝色的时候方可进行编辑，点击前方的 符号对通道图层进行隐藏，如图174所示。点击"Ctrl+D"取消选区。

图173

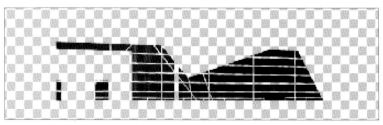

图174

22. 按下"Ctrl+U"组合键，编辑图像的饱和度和亮度，如图175所示，点击确定即可。

图175

23. 单击工具栏中的 ✎ ，通过通道图层对渐变图层进行选取，如图176所示。

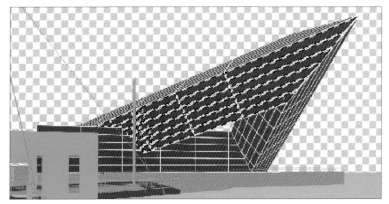

图176

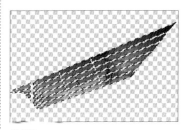

图177

24. 单击"窗口/图层"并选中通道图层，当其变成蓝色的时候方可进行编辑，点击前方的 👁 符号对通道图层进行隐藏，如图177所示。

25. 点击工具栏中的 ▣ ，继续点击 ▭▾ | ▣▣▨▨➕ ，出现对话框，如图178所示，点击确定即可。

26. 单击鼠标左键不放，在渐变选区上进行颜色编辑，如图179所示。

图178

图179

27. 单击图层工具栏，选中渐变选区，点击其上方的不透明度，设置数值为66%即可，如图180、图181所示。

图181

图180

28. 点击工具栏中移动工具 ，如图182所示，把配景图像文件移到"展览馆"文件中。

图182

29. 单击图层工具栏，选中配景图层，点击图层上面的不透明度，设置数值为72%即可，如图183所示。

30. 点击工具栏中的将配景移动至相应的位置，如图184所示。

图183

图184

三、存储设置

效果图已经完成，确认调整完毕后我们可以存储一下文件。单击"文件/存储为"命令，或按下"Shift+Ctrl+S"键，打开"存储为"对话框，设置参数，单击"保存"按钮。

最终效果图以及图层排序如图185所示。

图185

第二节　城市夜景照明规划的设计制作

一些城市和地区在城市规划和城市设计中开始引入"夜景照明"的内容，包括可见度，作业功效，视觉舒适，社会交往，心情和气氛，健康、安全和愉悦，美的鉴赏，以及运用科学化的手段对城市夜景照明，对城市夜景照明的规划、建设和管理。夜景工程是城市基础设施和城市容貌管理工作的重要内容，代表了一个城市的文化和科学管理水平，主要包括城市道路、公共广场、建筑物、商业街、园林绿化、景观雕塑、桥梁水景等具体规划设计等。

在制作城市夜景效果图时，配景的添加和灯光的制作是尤为重要的。本实例是制作商业中心夜景效果图，其制作方法与其他室外夜景效果图的处理方法相同，本实例最初效果如图186所示。

图186 最初效果图　　　　　图187

操作步骤

本实例首先调整全局的色调，然后添加外景、植物、灯光等配景，应用图层不透明度的更改、画笔工具、曲线来调整光照和色调效果，丰富画面环境。

一、添加外景及整体色调调整

1. 启动PhotoshopCS，单击"文件/打开"命令，或按下"Ctrl+O"组合键，打开文件"夜景大楼"，如图187所示。

2. 点击背景图层（夜景大楼），单击"图层/复制图层"命令，打开"复制图层"对话框，复制背景图层并设置文件名为"图层1"，单击"确定"按钮。

3. 单击"文件/打开"命令，或按下"Ctrl+O"组合键，打开文件"夜景大楼色彩通道图"。

4. 点击工具栏中移动工具 ，如图188所示。把"夜景大楼色彩通道图"图像文件移到"图层1"，"夜景大楼色彩通道图"图像位置与"夜景大楼"图像要完全重合。

图188

5．单击"文件/打开"命令，或按下"Ctrl+O"组合键，打开文件"天空贴图"，点击工具栏中移动工具 ，如图189所示。把"天空贴图"图像文件移到"图层1"文件中，图像位置拖到天空的位置。

6．打开"窗口/图层"命令，或按"F7"。点击天空贴图图层，排列各图层顺序如图190所示，把天空贴图所在的图层拖拉到图层1的下方，呈现效果如图191所示。

图190

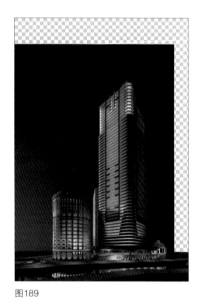

图189

图191 天空效果

经验提示

当完成步骤6的同时一定要点击图层栏"通道图层"前面的 工具，将"夜景大楼通道图层"进行隐藏。

7．单击"文件/打开"命令，或按下"Ctrl+O"组合键，打开文件"配景1、配景2"如图192、图193所示。

图192

图193

8. 单击图层工具栏，选择"配景2"所在的图层进行编辑，单击图层工具栏上方的不透明度，将数值编辑为76%即可，如图194所示。

图194

9. 点击工具栏中移动工具 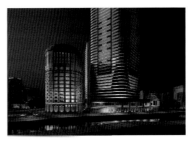，如图195所示。把"配景1、配景2"图像文件移到"图层1"文件中，图像位置拖到相应的位置。

10. 图层排列顺序如图196所示。

图195

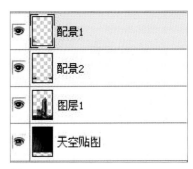

图196

11. 单击"文件/打开"命令，或按下"Ctrl+O"组合键，打开文件"绿地"如图197所示。

图197

12. 点击工具栏中移动工具 ，把"绿地"图像文件移到"图层1"文件中，图像位置拖到相应的位置，如图198所示。

13. 图层排列顺序如图199所示。

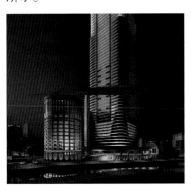

图198

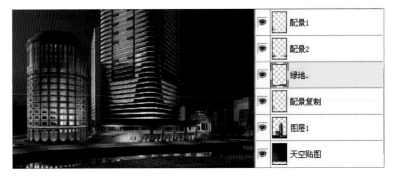

图199

14. 单击工具栏中的 ✐ 工具进行道路灯光的编辑。单击 画笔: ⁑₁₃ ˙ 出现对话框，将其设置为 13px，硬度为0%即可。单击工具栏中的出现对话框，将前景色设置为偏黄色，如图200所示，点击 "确定"即可。单击鼠标左键不放，在相应位置进行编辑，如图201所示。

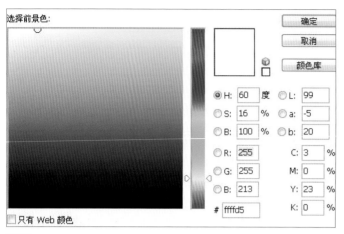

图200

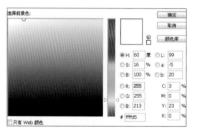

图201

15. 单击工具栏中的 ○图标，右击选择圆形选区进行道路灯光的编辑。单击圆形选区，在需要编辑的地方进行编辑，如图202所示。

图202

16. 单击工具栏中的 ◼ 出现对话框，将前景色设置为偏黄色，如图203所示，点击 "确定"即可。

图203

17. 单击 "Alt+Delete"组合键填充前景色。点击 羽化: 60 px 将其数值进行修改，如图204所示，单击 "Ctrl+D"取消选区即可。

18. 单击工具栏中的 ⯊ ，将其移动到相应的位置，并点击 "Alt"并点击 ⯊进行复制，如图205所示。

图204

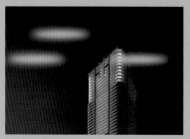

图205

19. 移动到相应位置后，单击"图像/调整/曲线"命令，或按下"Ctrl+M"组合键，打开"曲线"对话框，设置其中参数，最后效果如图206所示，单击"确定"按钮。

图206

20. 单击"文件/打开"命令，或按下"Ctrl+O"组合键，打开文件"植物1植物2植物3、人物、路灯"， 点击工具栏中移动工具，把"植物1植物2植物3、人物、路灯"图像文件移到"图层1"文件中，图像位置拖到相应的位置，如图207所示。

21. 图层排序如图208所示。

22. 单击工具栏中的工具进行道路灯光的编辑。单击画笔出现对话框，将其设置为13px，硬度为0%即可。点击鼠标左键不放进行灯光的编辑，如图209所示。

图207

图209

图208

二、存储设置

效果图已经完成，确认调整完毕后我们可以存储一下文件。单击"文件/存储为"命令，或按下"Shift+Ctrl+S"组合键，打开"存储为"对话框设置参数，单击"保存"按钮。

最终效果图如图210所示。

图210

后 记

　　本书结合 Photoshop 的实际用途，全面系统的介绍了 Photoshop 的功能。其内容涉及平面设计基本知识、Photoshop 基本操作、环境艺术设计基本知识以及一些综合案例的详解。本书内容全面、实例丰富、可操作性强，较好地做到了内容与形式、理论与实践的统一。

　　本书编写的创新点就是将 Photoshop 软件的运用与艺术设计课程结合在一起，重点讲解运用 Photoshop 软件进行艺术设计的方法思路，将软件功能的介绍完全融合在设计实例的讲解中。因此，本书对运用 Photoshop 进行平面设计和环境艺术设计的专业人员具有全面、实用的指导意义和参考价值。

　　本书适用于高等院校的平面设计、建筑设计、环境艺术设计、产品及景观设计等专业的师生作教材或参考书，也适用于高职高专院校的相关专业和设计人员。

　　本书由薛娟担任主编，焦杨、段睿光、许可为担任副主编。另外山东建筑大学艺术学院的研究生耿蕾、李瑾、任少楠、段秀翔也参与了本书的编写和校对工作。同时感谢人民美术出版社的陈林、岳增广在前期策划、编审中的鼎力相助，编辑管维、黎琦等在后期教材编写中给予本书的指导和帮助，在此一并致谢。

　　由于编写时间有限，书中难免有遗漏与不足之处，恳请广大读者提出宝贵意见。

编　者

2012 年 2 月